雅子 スタイル

Masako's Style

宝島社

Prologue

はじめに

私のはじめての本が出版されることになった。流行のスタイル本で、私服のコーディネイトをはじめとする服の数々、小物やら昔の写真やら、いろいろ盛り沢山をお見せしなくてはならない。着こなしについてはスタイリストでもないし、着回しのテクもない。これはどうしたことか。そこで、私の考えるベーシックなものを中心に服を見せたページ作りをしようということになった。

何度かの打ち合わせの末、肝心のアイテム出しだ。まず浮かんだのがシャツで、シャツの清潔感、やさしさ、潔さなんかがきれいに出せればいいなと。それにはなるべくシンプルにして、素材やその服の持つ質感や存在を見せたいと思った。で、色は白。白いシャツばかり5パターン。次はワンピース、デニム、コート……というように、14のファッションアイテムと美容にまつわること、食生活、モデルの仕事、パリのこと、おすすめの映画もある。

服もコーディネイトも特別なことはない普段着の感覚をテーマに、カジュアルにコーディネイトしたつもり。いつもの誌面ではないスタイルブックをお楽しみいただけたらと願っている。

Contents

目次

Part 1

Masako's Fashion

Shirt, One-Piece, Denim, Coat, Turtleneck, Black Color,
Gray Color, Blue Item, Scarf, Bag, Glasses, Shoes, Hat, Pearl

私の最愛ベーシック

私の最愛ベーシック

最近少し、服を選ぶ傾向が変わってきたように思う。小学生から制服で育ったせいか、今でも紺に白という制服カラーの基本的な好みは変わらないし、好きな色はブルー系の寒色系だ。仕事柄トレンドは意識はするけれど、そのまんま流行を追い掛けたりはしないつもり。最先端の服でキメるのもなんだか気恥ずかしいかんじ。それよりも自分の体に合っているかなどのサイズ感や、肌にやさしいとか着心地が良いとか、より素材を気にするようになった。

若い時、特にモデルになってしばらくはモノトーンの服を好んで着ていた。そのワケは、服で目立つのがイヤだったのだ。もっともモノトーンの美しさも分かっていなかったのかもしれないし、シンプルを気取っていたのかもしれない。やがて、その呪縛が薄れ、もしくは単調な色合わせに飽きてきた頃のことだ。旅行中のパリで、ブティックに入って適当に服を合わせていたら、店員が私に話しかけてきた。

「あなたは瞳の色が黒いから、グリーンなんかの服が似合うわよ」

私は思わずドキリとした。今までそんな風に言われたことがなかったからだ。日本人は基本的に瞳の色が統一だから、目と何か、ましてや服を組み合わせるなんていう芸当は思いつかない。人種も異なり、肌の色も、瞳や髪の色も多種多様な他民族ならではの発想だ。服と体の一部をコーディネイトするなんて、なんてステキなことだろう。それを鵜呑みにするほど単純なわけでもないけれど、少しだけ意識して、服選びなどのヒントにもなっている。

私はわりと物持ちがいい方で、平気で10年、20年前のものがある。コレと決めたらあまり浮気はせず、好きなもの、大切にしたいものは永遠とばかりに取っておく。断捨離なんて無縁の生活で、服や靴でも同様だ。けれども、いわゆる定番モノが不滅じゃないと分かったのはもうずいぶん前のこと。時代の流れとともに変化し、ほんの数年前のものが古いとさえ感じてしまう風潮だ。過剰な情報や多くの選択肢の中から、自分らしくいるためにはどうすればいいか、ファッションでも試されているような気がしてならない。

私がファッションで大事だと思うのは、自分をきれいに見せるということ、そういうものを探して着ているかということ。たとえばシンプルな服がシンプルで美しいのではなく、その人がキレイに見えてこそ服は輝きを増す。服が素敵なのではなく、着ているその人が素敵に見えなくては。

今後の課題はアクセサリー使い。昔からアクセサリーといえばパール一辺倒だった私は、大ぶりのものや、ジャラジャラと素敵に重ね付けしている友人たちを見てはうらやましく思っていた。ポイント以上にいい雰囲気になって、とても魅力的なのだ。いつか私もそんな風にしてみたい。これには多少の鍛錬と経験が必要になるけれど、少しずつ増やして、少しずつ自分のものにできたらいいなと思う。

Basic 1

Shirt

シャツ

上質なコットンのふわっとした肌触りとやさしいシルエットが、今の私の気分にピタッとくるシャツ。すごく着心地がよくて、1度着たら手放せなくなった。エルマフロディットのシャツ

年齢を重ねると似合う服が変わる。私はTシャツの元気すぎる感じが苦手になって、その代わりにシャツをよく着るようになった。麻やリネン、シルクなど、天然素材を中心に、シルエットがきれいで着心地のいいものを選ぶようにしている。他のアイテムはシンプル好きだけれど、シャツに限っては少しデザインされたものが好み。レギュラーカラーのスタンダードタイプも、襟の形がアレンジされていたり、Aラインのシルエットだったり、どこかひねりの効いたデザインの方が、1枚で着てもニュアンスが出るので着こなしやすいと思う。それに、普通すぎるのはつまらない。かえって野暮ったくなったり、コンサバに見えたりするから。中でも、白いシャツは、清潔感があって表情を明るく見せてくれるので頼りになる。調子がよくない時にはその緊張感に救われることも。

Style 1

淡いグリーンがきれいなオーガニックコットンのワイドパンツにインして引き締め。ベルトをする代わりに、ブラウジングしてウエストのゴムをカバー。エルマフロディットのシャツとワイドパンツ、ミドリメイドのピアス、ずいぶん前に購入したビニールメッシュのフラットシューズ

Style 3

ナチュラルなガーゼのフリルシャツは合わせ方によってきれいに着られるので重宝。同じくガーゼのギャザースカートを合わせてやさしい雰囲気でまとめ、マニッシュな靴で引き締め。ギャップのシャツ、エルマフロディットのスカート、J.M.ウエストンのレースアップシューズ

Style 2

ふわっとした袖がモダンなドレスシャツは、あえてノーアイロンでラフに着るのが好き。麻のスカートを合わせて上品に、ネックレスとパンプスで遊びを。サイのシャツ、トッカのスカート、ミドリメイドのローズウッド製ネックレス、パールのピアス、バーニーズのパンプス

Style 5

サイのシャツはメンズライクだけどシルエットがきれいで、私の体に合う定番の１枚です。さらっとトラッドっぽく着こなしても"学生さん"にならないのが大人のいいところ。サイのシャツ、リーバイス×アパルトモンのデニムスカート、KOのメガネ、レペットのバレエシューズ

Style 4

サイドポケット付きのオーバーブラウスのボタンをきちんととめて少年風に。ロールアップしたストレートデニムにサボを合わせてポイントに。撮影の時にはこんなスタイルで。ヤエカのシャツ、トゥモローランドのデニムパンツ、パールのピアス、ダンスコのサボ

Basic 2

One-Piece

ワンピース

和のニュアンスのあるカシュクールデザイン。パンツに合わせて羽織ってもきれい。ヤエカのワンピース

ワンピースは1枚でサマになって、小物合わせで表情が変わる着こなしやすさが魅力。さらに、気分も上げてくれる女性ならではのお楽しみアイテムだと思う。その分、ごまかしがきかないので、自分に合うデザインやシルエットを見極めることが大切。どんなシチュエーションで着るのかを想定しながら、素材とデザインのマッチングをよくよく吟味しなければ。甘すぎると妙に子供っぽくなってしまい、エレガントすぎるとマダムっぽくなってしまうキケンなアイテムでもある。私の場合は、テロンとした素材の柄物やボディラインが分かるデザインが苦手。すっきりとした立体的なフォルムで、どこかモード感のあるものを厳選している。ふわっとした甘いデザインは黒を選び、シャープになりがちなミニマルなワンピースはグレーでやさしく、といったように。強くなりすぎず、コンサバにも陥らないバランスが決め手。

Style 1
シンプルに1枚でふわっとしたシルエットを主役にした着こなし。カジュアルな白のコンバースを合わせてリラックスした雰囲気に。ヤエカのワンピース、コンバースのスニーカー

Style 3

中にタートルネックを合わせて冬仕様に。サイのワンピース、マルティニークのタートルネックセーター、アンティークのパールのペンダントトップ、ペンダントトップに合わせてオーダーしたクォーク オブ フェイトゥのチェーン

Style 2

鮮やかなブルーのストールを巻いて、ポップでインパクトのある今年らしいムードにチェンジ。黒のワンピースは合わせる色でニュアンスががらりと変わるのが面白い。ヤエカのワンピース、マッタのストール

Style 4

半袖のカシミヤ素材なので季節を問わず活躍。モード感のある色とシルエットを生かしてピンブローチですっきりと。ヒールに少しボリュームのあるカラーパンプスでモダンな強さを。サイのワンピース、エルメスのピンブローチ、バーニーズのパンプス

Basic 3

Denim

デニム

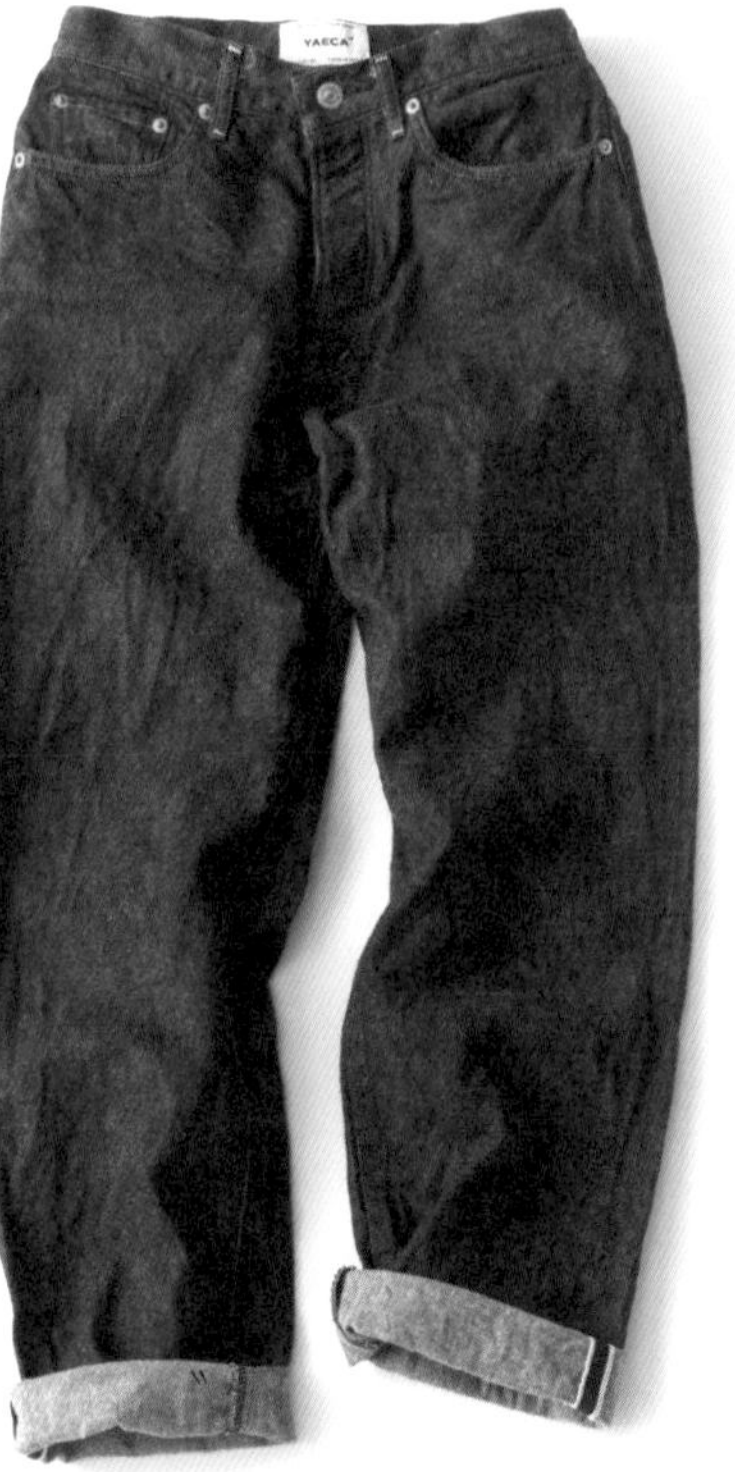

太ももからひざにゆとりのあるシルエットは、おしゃれ感があって新鮮。ヤエカのデニムパンツ

私がデニムスタイルで現れると「意外！」とよく驚かれる。どうやら、デニムをはいているイメージがないようだ。でも、デニムは若い頃からずっとはいている定番中の定番。普段着として着やすく、合わせるアイテムで雰囲気が変わるのでコーディネイトしがいのあるアイテムだと思う。シルエットは、ストレート一辺倒。スキニーもワンサイズ大きめにして、ストレート感覚ではいている。程よいゆとりが脚のラインをカバーして、すごくきれいにはける気がする。だからこそ、ウエストやヒップの位置や収まり具合、ひざ下のラインなど、シルエットやサイズ感は細かくチェック。ローライズや激しいユーズド加工のタイプを選ぶことはない。コーディネイトもカジュアル感を引き締めながらバランスよく上品に、ボーイッシュになりすぎないように気をつけている。

Style 1

グリーンのニットにコットンパールを合わせて上品に。ヤエカのデニムパンツ、ずい分前に購入したグリーンの半袖セーター、ミドリメイドのコットンパールネックレス、クリスチャン ラクロワのメガネ、J.M. ウエストンのレースアップシューズ

Style 2

スキニーはワンサイズ大きめをチョイス。ふんわりしたベルギーリネンのブラウスを合わせて、白×黒のパキッとしたコーディネイトでモダンに。ユニクロのデニムパンツ、サイのブラウス、パールのピアス、レペットのバレエシューズ

Basic 4

Coat

コート

メンズっぽい雰囲気と丈や襟のバランスのきれいさに一目ぼれ。ダブルメルトンで暖かい。サイのコート

最後に羽織るコートは着こなしを完成させる大切な要素。だからこそ、きちんと吟味したい。流行に左右されないデザインで、上質であること。着心地がいいとか、ちゃんと暖かいとか、機能的であること。そして、自分の体に合っていること。それが絶対条件だ。特に気をつけているのがサイズ感。一番のチェックポイントは、肩。どんなデザインでも肩幅とラインが合っていれば羽織るだけでサマになる。そこを外すと、とってつけたような雰囲気になってしまう。お値段も安くはないので、コレ、というものを見つけたら大切に着ている。どんなにシンプルでも、必ずディテールやシルエットなどにその時々の空気感を含んだもの。時代の気分が変わって古く見えた時には、今の雰囲気のコートに買い替えてアップデイトする。そんな定期的な見直しがシンプルな着こなしを洗練するコツかもしれない。

Style 1

コートのシルエットの美しさを引き立たせたくて、細身のパンツですっきりと。足元はあえてダンスコでカジュアルダウン。サイのコート、ギャルリーヴィーのタートルネックセーター、ユニクロのパンツ、ダンスコのサボ

Style 3

寒がりなので真冬は軽くて暖かいダウンを愛用。これは表がニット素材で他ではあまり見かけないところも気に入っている。イヤーマフもリアルファーなら大人でも大丈夫。ギャルリーヴィーのダウンコート、カーゴパンツ、リアルファーのイヤーマフ、コンバースのスニーカー

Style 2

ヤエカはいろんな服を着てきた私たち世代にちょうどいいブランド。このコートもカジュアルなのにモード感があって、メンズライクなのに女らしい洗練されたデザイン。前を閉めてワンピース風に。ヤエカのコート、パールのピアス、カーキ色のタイツ、コンバースのスニーカー

Style 5

前はステンカラー、後ろはトレンチ風のひねりのあるデザインで、厚みのある素材でシルエットも色も丈もいい塩梅。ベージュから白の同系色でまとめてすっきりと。丸メガネでクラシックな雰囲気に。ヤエカのコート、ユニクロのパンツ、ＫＯのメガネ、オッツィシューズの靴

Style 4

トレンチは必需品。時々でバランスが変わるので見直しが必要なもののひとつ。サイのトレンチは肩や腕の細さが今の自分にしっくりくる。“普段の私”というラフな着こなしに。サイのトレンチ、バッカのタートルネックセーター、リーバイスのデニムパンツ、コンバースのハイカットスニーカー

Basic 5
Turtleneck
タートルネック

カシミヤの薄手ニットで、糸が細く、とても柔らかい着心地。繊細に着られるところが気に入っている。バッカのタートルネックセーター

寒がりなので、冬は99・9％タートルネックを着ている。日傘を使わなくなったら、タートルネックシーズンがはじまるという感じ。暖かさはもちろん、色やネックのアレンジでニュアンスを変えられるところも好き。私にとってはもはや、インナーウェアやタイツなどと同じ消耗品感覚である。出番が多いので、くたびれてきたら新しいものに買い換えて気持ちよく着たい。どんな色のコートにも対応できるように、ネイビー、黒、白、グレー、ベージュの基本カラーはおさえておき、ブルーやラベンダーなどの寒色系を中心に、その時々に気になる色を揃えている。カシミヤやウールなどチクチクしない素材で、肩が合っていて、ネックの丈が長いものを選ぶ。伸ばして着た時に、顎先までしっかり隠れる方がおしゃれ感が出るからだ。ブランドには全然こだわらないけれど、色や素材、形は自分に似合うものを吟味したい。

ネイビーのタートルネックは基本の1着。カシミヤ混で、ふんわり程よいゆとりのあるシルエットは1枚で着てもサマになる。リブ編みのネックは、二つ折りでもすっきり着られ、伸ばしても収まりがいいのがポイント。ギャルリーヴィーのタートルネックセーター

毎日着るものだから、色のバリエーションは豊富に。ブランドもいろいろ。左上から時計まわりに、グレーのカシミヤはドレステリア、キャメルはオールドイングランド、ブラウンはユニクロ、ラベンダーはマルティニーク

Basic 6

Black Color

黒い服

袖にたっぷりとあしらわれた手刺しゅうが素敵。甘さのあるデザインも、大人っぽくて洗練された雰囲気で取り入れられるのが黒の魅力。トワヴァーズの麻ブラウス（アリス デイジー ローズ）

ＤＣブームを知っている私たち世代にとって、黒は馴染みの深い色かもしれない。モードな強さやしっかりした印象を作る色として頼りにしていた気がするけれど、大人にとってはむしろ、ドレッシーでエレガント、上品なニュアンスを作ってくれる特別な色だと思う。甘い服を着たい時に黒を選ぶと引き算ができ、カジュアルな服に黒のアイテムを合わせると大人っぽくなるなど、オバサン化を防いで垢抜けた雰囲気に仕上げてくれる。そして、大人の肌をきれいに見せてくれる色でもある。白紙に黒い文字を書くと相乗効果でそれぞれが際立つように、黒い服が引き締め役になり、顔の輪郭をシャープに、顔色を明るく引き立てる。でも、黒ならなんでもいいというわけではない。一歩間違えると怖く見えたり、地味になったり。ツヤのある素材やどこか女らしさのあるデザインを選ぶのが大切。

ブラウスの素敵な雰囲気を生かして、シンプルな着こなしに。きれいな色のピアスをアクセントに利かせて大人っぽく。トワヴァーズの麻のブラウス、ジュンコ パリのピアス

右上　たっぷりギャザーのバルーンシルエットに一目ぼれ。裾にゴムが入っていて着るとふわんとした丸い形になる。ロングスカートを合わせ、ドレッシーにも。ジャンポールノットのシルクブラウス

左　カジュアルの格上げに、きちんとした着こなしに、と黒のジャケットはなにかと便利。光沢のあるコットン素材と程よくシェイプされたラインが女らしい。それでいて、クールになりすぎない絶妙のバランス。エミスフェールのジャケット

右下　シルクのリトルブラックドレスは１枚持っていると安心。首元が詰まっているけれど、デコルテはシースルー素材で背中にはスリット入り。控えめなセクシーさがちょうどいい。ポール カのドレス

上　テロンとした素材のオーバーブラウスはエレガントさが魅力。タートルネック＋シャツはキャサリン・ヘップバーンから学んだコーディネイト。袖をまくって抜け感を。ハリスのブラウス、バッカのタートルネックセーター、パールのピアス

右下　黒のパンツは、靴で雰囲気が変わるので便利。くるぶしくらいの丈がパンプスにもフラット靴にも合わせやすく、脚が一番きれいに見える。ハリスのパンツ

左下　もっと年齢を重ねたらココ・シャネルのようにアクセサリーのジャラ付けにも挑戦してみたいけれど、今はまだその時じゃない気がする。だから、小物も黒を選んで同系色でコーディネイト。コンサバな感じや甘いイメージの小物も黒ならモードっぽくなる。ドレステリアで購入したコサージュ、プチプラショップで購入したカチューシャ

Basic 7

Gray Color

グレーの服

グレーのやさしさが伝わるシンプルなニットは私の定番。カシミヤの柔らかく繊細な肌触りも気持ちいい。細身すぎず、少しゆとりのあるシルエットで、コンサバに見えないところもいい。ヤエカのセーター

パリの冬はとても寒くて、どんより曇った日が多い。そんなくすんだ空とキンとはりつめた空気に、グレーはとてもよく似合う。大人の女性たちがおしゃれにグレーを着こなす姿を見て、あんな風になりたいと憧れたものだ。だから、グレーは大人ならではの色であり、やさしくフェミンなイメージがある。モノトーンでまとめるとクールに、ビビッドな色を重ねればモダンに、ベーシックカラーに合わせるとシックになる。そんな色遊びも楽しみのひとつ。私もようやくグレーが着られる年齢になったかなと思うので、手始めにニットから、少しずつアイテムを増やしていきたい。でも、気をつけないとただ濁っているだけの〝ねずみ色〟に見えてしまう……。生活感が出すぎてはいけない。髪や肌にツヤがあって、美しさを保つ余裕が必要。そんな緊張感を与えてくれるところも魅力のひとつ。

20代の頃に、手刺しゅうのかわいさに惹かれて買ったニットベスト。1枚で着たり、中にシャツやブラウスを合わせたりして今も愛用。トリコ・コム デ ギャルソンのベスト

さらりと1枚で着てグレーのやさしい雰囲気を纏いたい。袖を軽くたくしあげてリラックスしたニュアンスを。ヤエカのセーター、ジュンコパリのリング、パールのピアス

薄く軽いガーゼの素材感が好き。ふんわりしているけれど、黒ほど重くならないし、子供っぽくもない。ウエストゴムなので腰の位置を変えて丈を調節できる。エルマフロディットのスカート

Basic 8

Blue Item

ブルーのアイテム

パリにいた時に25歳の記念に買ったもの。年月を経てアンティーク状態にはなっているけれど、洗うと風合いが復活して発色も変わらないので今も現役。ずっと付き合っていきたいブルーのアイテム。エルメスのストール

ブルーが好き。意識していたわけではないけれど、気がついたらブルーで溢れていた。サックス、ターコイズ、スカイブルー、グレイッシュブルーetc.、ブルーならなんでも。思い起こしてみると、私は次女なので姉のお下がりを着ることも多く、赤などのいわゆる女の子カラーは姉が着て、私は違う色、たとえばブルー系になることがあったからかもしれない。あるいは、夏生まれだから冷めた色に惹かれるとか……。真実はどうあれ、暖色系の色を着なれていないことは確か。仕事ではいろいろな色を着るけれど、やっぱりブルーに戻ってきてしまう。爽快で気持ちよくて、甘くないのもいい。特に手に取りやすい小物はブルーばかり。バッグの中を開くと、全部ブルーだったということも。黒やグレーに合わせると個性的なムードになるし、白に合わせれば清々しい着こなしになる。そんな万能さも魅力だ。

上から時計まわりに、ティファニーブルーには幸せ感が。『ティファニーのテーブルマナー』の本。ティファニーブルーに合う北欧土産のハンカチ。「ブルーサックス」というシックな色のエルメスのカードケース。バッグの必需品、キャンディは色で選ぶことも。リコラのハーブキャンディ

左上から時計まわりに、エルメスの手帳は3代目。南イングランドの避暑地をイメージした「ブルーブライトン」という色。白にブルーの刺しゅうがきれい。東急沿線スタイル『サルース』という冊子の連載終了時に担当編集者からもらったイニシャル入りハンカチ。エルメスのハンカチもブルーに惹かれて。キューレのネイルは新色からチョイス。フェルメールの展覧会開催時に「“フェルメールブルー”が素敵」という話になり、ミドリメイドにオーダーしたネックレス。

上から時計まわりに、ブルーのギンガムチェックがかわいいバリバレのシャツワンピース。オッツィシューズのスリッポンは、麻素材で発色のいいブルーに惹かれて。はくと元気が出る。スニーカーといえばコンバース。いろいろな色を集めていた時期があったけれど、白、オフホワイトの他、ネイビーが残った。

Basic 9

Scarf

巻き物いろいろ

夫からの誕生日プレゼント。ユーモアのある魚柄だけど、巻くとモチーフのインパクトは弱まって、ブルー×オレンジの洗練された色のハーモニーが際立つ。そのニュアンスの変化が楽しい。エルメスのスカーフ

冬はカシミヤやウール素材で防寒、夏はシルクやコットンを選んで日よけに、と実用性も兼ねている巻き物は一年中活躍。さらっとシンプルに巻いて気負わずに、こなれた雰囲気で取り入れたいと思っている。その一番の楽しみは色合わせ。服で取り入れるには難しい色もストールやスカーフなら手軽に楽しめるし、新しいカラーコーディネイトにも挑戦できる。以前はマフラーをたくさん揃えていたが、大人になってストールやスカーフを使うことが多くなった。さらに、ブルーや白など、使う色がだいたい決まってきたこともあって、あれこれ買わなくなってきた。無地に限らず柄物も気になるけれど、チェックやドットなど、スタンダードなものはあまり選ばない。ちょっと遊びのあるモチーフや花柄など、見せる部分で表情が変わったり、いろんなニュアンスを出せるものがいい。

1　2

3　4

1. ちょこんと結んで分量を抑えてポイントに。エルメスのスカーフ、サイのジャケット、パールのピアス　2. 20代の頃に買ったファーストエルメス。ヘッドバンド風に巻いても色柄が目立ちすぎず上品。エルメスのスカーフ、マカフィーのシャツ　3. 大好きな“フェルメールブルー”。とても繊細でふわふわ。大きなリボンをするように結んで新鮮な色合わせに。サイのストールとニット　4. 白×白で、大人のガーリースタイルにトライ。マッタのストール、ハリス グレースのブラウス

Basic 10

Bag

バッグ

ずっと欲しくて、35歳の記念にパリで購入したエルメスの「プリュム」。修道女みたいな無機質さの中にある少女のようなかわいらしさとモード感。私の好きな要素が詰まっている。エルメスのバッグ

バッグはコーディネイトの大切な要素で、"もうひとつの服"という感覚。バッグがTPOを象徴したり、イメージを決める。だから、流行にとらわれず、自分にとって心地いいもの、見た目が好きなものを選びたい。仕事などの普段使いには布バッグが便利。あれこれ物を入れて重くなってしまうので軽い方が重宝する。エレガントさが求められる場面では上品なレザーバッグを選択。若い頃から上質なものを集めたいと思っていたので、信頼できるブランドのバッグを少しずつ揃えてきた。とはいえ、みんなが持っているような流行モデルには興味がない。スタンダードなデザインで飽きのこない黒がベスト。その分、誰が見ても分かるようなブランドバッグは、コンサバにならないように意識し、カジュアル感をプラスしたり、モードっぽくしたりして、どこかをハズす感覚で合わせるようにしている。

3

2

1

5

4

1. バンブーのハンドルがかわいい。小ぶりで服を選ばず、着物にも合わせられる。グッチのハンドバッグ　2. 女性ならいつかひとつは手に入れたいバッグ。かちっとしすぎるのは気恥ずかしいのでアンティークを購入。シャネルのチェーンバッグ　3. 渋谷のセレクトショップ「ハオス＆テラス」の展示会で一目ぼれ。ボタンや切り替えなど、さりげない遊びが◎。　4. ダスティン・ホフマンの映画『卒業』にも登場するバークレーにある本屋「Moe's」のオリジナルバッグ。たくさん入って軽いので便利。お土産でもらったもの。　5. カゴバッグも大好き。光沢のある黒なので、カジュアルすぎず、モードっぽく持てるところがいい。冬の着こなしにも合う。

Basic 11

Glasses

眼鏡

個性のあるフレームをポイントに。上から、クリスチャン ラクロワのサングラス。KOのべっ甲風丸メガネ。オリバーゴールドスミスの黒メガネ。KOのブラウンフレーム丸メガネ。

小学生の頃から視力が弱く、以来、ずっとメガネを愛用。仕事でコンタクトを試したことがあるけれど、やっぱりメガネの方が安心。考えてみれば、眼科医はほぼ全員メガネだから目にもやさしいのではないかと思う。せっかくかけるのであれば、おしゃれのポイントにしたいので、あえて目立つ黒縁や丸メガネなど、プラスティック系の面白いデザインを選ぶようにしている。コンサバすぎて〝ヘンなマダム〟とか、生真面目すぎて〝学校の先生〟にはならないように……。そして、存在感のあるメガネはとても便利。たとえノーメイクでも、フレームがカムフラージュしてくれるし、シンプルなカジュアルスタイルでも、おしゃれなメガネひとつで洗練された印象になる。その分、ノーズパッドの高さやアームの幅や位置を調整してもらい、ベストな状態でかけられるように気をつけている。

厚みのあるオーバルフレームが気に入り、度付きのカラーレンズを入れてサングラスに。イノセントな花柄のシャツとも好相性。クリスチャン ラクロワのサングラス、A.P.C. のシャツ

丸メガネはマンガっぽくなりそうだけど、逆に個性が際立っておしゃれ感がアップ。KO はアタッシュドプレスの岡本敬子さんが手掛けるブランド。KO のメガネ、ハリスのシャツ

柔らかな色の丸メガネはやさしい印象を作ってくれる。フェミニンなフリルブラウスもメガネのおかげで甘くなりすぎず、大人っぽいムードに。KO のメガネ、ハリスのブラウス

青山の素敵なメガネ店「ブリンク」で購入。グレース・ケリー愛用モデルの復刻モデル。フェミニンなトップスをメガネでモダンに。オリバーゴールドスミスのメガネ、ハリスのブラウス

Basic 12

Shoes

靴

シンプルなパンプスは必携。ファビオ ルスコーニのパンプス。バレエシューズは足がきれいに見える。飾っているだけでもかわいい、レペットのバレエシューズ。定番中の定番、コンバースのスニーカー。

昔から「おしゃれは足元から」と言われるように、どんな小物より靴は着こなしの決め手になる。そして、自分らしさが出るので年齢を重ねるほど重要だ。靴だけが目立つことなく、飽きずにずっと好きでいられる靴を揃えたいから、スタンダードなものを買うことが多い。最近はコンフォートタイプも見直しているけれど、〝ラクさ〟に流されたくはないので、どこか引き締めたり、モード感を足したりして、おしゃれに取り入れられるように意識している。さらに、ジャストサイズであることは基本的な条件で、足に合わない靴をはいていることほど恥ずかしいことはない。なのに、私の足は甲が薄くて幅が細く、なかなか合う靴がないのが悩み。だから、せっかく出合った靴はきちんとケア。拭いたり磨いたり、シューキーパーを入れて型崩れを防止したり。傷んだら、修理をして大切にはきたいと思っている。

パンプスは甲の見え方やヒールに時代性が出るので定期的に見直し。黒のパテントはコンサバすぎず使い勝手がいい。オールブラックのスタイルをパンプスで女らしく。ファビオルスコーニのパンプス、ハリスのブラウスとパンツ

バレエシューズといえばレペット。甲がほっそりしたフォルムが好き。爽やかなブルーのトップスに合わせて、足元もバレエシューズで軽やかに。レペットのバレエシューズ、サイのトップス、ハリスのパンツ、ミドリメイドのネックレス

白とオフホワイトのコンバースは私の必需品。足首が見えず、ロールアップしたボーイフレンドデニムとバランスがいいハイカットを選択。コンバースのスニーカー、ハリスグレースのニット、リーバイスのデニムパンツ、ミドリメイドのピアス

Basic 13

Hat

帽子

つば広帽を用途に合わせて。左上から時計まわりに、クラシックな形のストローハット、オレンジ×白のボーダーがかわいいチューリップハット、持ち運びに便利なアッシーナ ニューヨークのハット

冬が終わって、春。4月後半に日傘を使うようになるまでの間に活躍するのが、帽子。子供の頃からよくかぶっていたし、撮影でもかぶり物が似合うとよく言われるので、いろんなデザインにトライしてきた。若い頃はベレー帽をかぶっていた時期もあったけれど、30代になったら似合わなくなったという経験も。その結果、今はつば広のクラシックなタイプに落ち着いている。素材や色にバリエーションを持たせて、用途に合わせて使い分けるのが好き。ただ、帽子まではりきると〝全部頑張ってます!〟というやり過ぎ感が出てしまうので、帽子は着こなしのポイントにはしないというのが大事。肌に馴染みやすいナチュラルな素材と色を選ぶ、カラータイプをかぶるなら服の色に合わせるなど。最近は折り畳んでも型崩れしない機能的な帽子も増えているので、ますます楽しみが広がっている。

右　ペーパー素材で折り畳んでも型崩れしにくく、アレンジもしやすい。3年前に買ったもの。ベージュ×白の爽やかなボーダーで大人っぽい夏のカジュアルに。アッシーナ ニューヨークの帽子、サイのブラウス

左上　コットンテープをつないだボーダー柄で洗えるのが嬉しい。明るいオレンジのブラウスに合わせて、陽気なリゾート風のスタイルに。ボーダーのチューリップハット、ハリスのブラウス、フープピアス

左下　オードリー・ヘップバーンがかぶっていたようなクラシックな形がかわいい。黒のフリルブラウスで引き締めてモードっぽく。海外で海に出かけた時に活躍させている。ストローハット、ハリスのブラウス

Basic 14

Pearl

パール

右から時計まわりに、高校卒業記念に譲り受けたパールのネックレス。スウィングするデザインが新鮮な本真珠のピアス。シンプルさがちょうどいいシャネルのピンブローチ。ニットの襟に沿ったものが欲しくてオーダーしたミドリメイドのコットンパールネックレス

パールは永遠のエレガンスの象徴であり、女性にとっては特別感があるジュエリー。日本人の肌に似合うし、どんな着こなしにも品格を与えてくれるので頼りになる。私は、高校卒業記念に母が祖母から受け継いだパールのネックレスを譲り受けたことがあって、パールは昔から身近な存在。基本的にピアスは寝る時もお風呂に入る時もはずさないのだけど、他のジュエリーに比べて、パールは顔色がよく見えるので手放せなくなった。今では、コットンパールやイミテーションパールなどバリエーションが増え、気負わずに楽しめるようになってきているので、いろいろなタイプを集めている。その特別感ゆえに、ドレスアップ＝パールという概念に縛られてしまうと、〝ザ・真珠〟みたいな感じになってつまらない。カジュアルな着こなしに合わせたり、ドレスには遊びの効いたデザインを合わせたりして、ハズすのがポイント。

Part 2

Masako's Beauty

Cleansing, UV Care, Hair Salon, Self Care Hair and Hand,
Perfume Collection, Minimal Self Make, Pouch

私の美容法

私の美容法

シアワセなことに私は大きな肌荒れの経験があまりない。思春期でさえニキビに悩まされたことはなく、アーモンド入りのチョコレートを食べようが吹き出物ひとつできることはない、基本的に肌トラブルとは無縁の丈夫な肌を持っている。これは言うまでもなく両親と、神様に感謝するところ。

色白と言われることが多いけれど、モデルになる以前はまったく感じたことがなかった。父が私よりも色が白く、薄く透き通り、日焼けのできない(赤くなる)デリケートな肌をしているからだ。それに比べ、私は皮膚が薄いわりには強い肌質をしていると思う。

モデルになった途端にやたらと色が白いと言われるようになった。美容ページ、いわゆるビューティの仕事も多く、それからは意識して肌と向き合うことにした。色白は長所と捉え、トラブルのない肌も最大の武器として大切に守り、今に至っている。

ところで、私の肌の三原則というのがある。「肌を清潔に保つ、乾燥を防ぐ、日焼けをしない」この3つ。詳しく説明すると、1つ目はメイクをした日はもちろんのこと、たとえメイクをしていなくともクレンジングをして汚れを肌に残さないこと。徹底的に汚れを落とすことでくすみの原因になるのを防ぐ。肌本来の透明感を引き立たせるには肌を清潔にするのがいちばん。どんなに遅く帰ろうが、酔っぱらっていようが必ずクレンジングをする。メイクをしたまま寝たことが一度たりともないのは、私の唯一の自慢だ。

乾燥を防ぐは、言うまでもなく保湿のこと。乾燥は、追ってはシワになると聞いてから特に気をつけるようになった。元々乾燥気味の肌ではあるけれど、水分補給をしっかりし、美容液、クリーム、オイル等で潤いを欠かさないようにする。みずみずしい肌はそれだけで美しさの予感がするようではないか。

最後は紫外線対策である。日焼けはすべての老化の要因になるという。本当のところは分からないけれど、とにかく肌を陽に直接晒すことなく、日焼け止めや日傘でのブロックは必要不可欠で、もはや1年を通して考える年中行事。空を仰いで眩しいと感じたら紫外線があると思って防御する日常だ。

というわけで、セッセとあるいはコツコツと肌のお手入れをしているわけだけど、それでも加齢によるものや自然にできてしまったシミやシワなどは仕方がない。けれど、自分の落ち度でできてしまうのは許せないのである。私の場合は、紫外線対策=肌の状態を良好に整えることは、仕事柄、特に必要なことでもあり、今では習慣にさえなっている。これからどんどん増えるであろうシミやシワの類い。それらは生きてきた立派な証拠でもある。魅力的じゃないはずがない。ヘタに隠すことなく堂々としていられたら素敵だなと思うけれど……。理想は、年齢を重ねてもなお若々しい肌、すなわち滞りのない健康な肌。肌のみならず、心身ともに健康ならば、自然と美しい肌を望めると信じている。

メイクでキレイにする前に、まずは土台になる素肌本来を大切にしたい。素肌(スッピン)の心地良さを忘れない(知っている)ことも大事なこと。毎日のスキンケアを怠ることなかれ。日々の地道な作業がモノを言う。そう、ピアニストが毎日ピアノを弾くように。

お手入れのキホン

雅子流徹底クレンジング

“顔を洗わない”パリ式クレンジングが、シミやくすみがほとんどない雅子肌を保つ秘密。何度もオイルを馴染ませて徹底的に汚れをオフする独自のプロセスを完全公開。

天然オイルで作られた優れた洗浄力を発揮して毛穴まで清潔に。過剰な皮脂を取り除き、くすみ、ざらつきのない透明肌へ。天然成分88％。バランシング クレンジング オイル￥4,000（THREE）

ポイントメイクを落とす

1. コットンにポイントメイク専用リムーバーを含ませ、唇にしばらくあてて、口紅と馴染ませてから拭きとる。2. 目元も同様に、リムーバーを含ませたコットンをしばらくあてて、アイラインやアイシャドウと馴染ませてから拭きとる。マスカラはまつげの上下をコットンでやさしくはさむようにして落とす。アイメイクは残っていると目元のくすみの原因になるのでしっかりと。

Step：1

Step：2

オイルを手に取り顔全体にのばす

1. ミルクやオイルなど、肌への負担が少ないクレンジング剤を使用。500円玉大程度の分量を手のひらにとる。特に撮影用のメイクは、濃いのでたっぷりめに。2. 顔全体から首まで、指のはらでクルクル円を描くようにソフトなタッチでマッサージしながら、ファンデーションを浮かせるように馴染ませていく。目の際や小鼻、こめかみなど、細かい部分も忘れずに丁寧に伸ばして。

Step：1

Step：2

コットンで拭きとる

1. 水で湿らせたコットンで、やさしく拭きとる。目の際や小鼻など細かい部分まで、顔全体から首にかけて3回ほど拭く。2. 同じようにクレンジング剤を手にとり、マッサージをしながら馴染ませる。3. クレンジング剤でマッサージ→水で湿らせたコットンでオフの手順を何度か繰り返し、コットンが汚れなくなったら完了。ノーメイクで過ごした日も洗顔はせず、このクレンジングを必ず実行。

Step：1

Step：2

Step：3

Finish!

最後に保湿をしっかりと
仕上げはアヴェンヌ ウォーターをたっぷりとスプレーして保湿。

cleansing
—— こんなに使いました ——

使ったコットンを並べると、1～2度拭いただけでは、メイクが落ちきれていないことが明白。

1年通して紫外線ガード

美肌を守る方法

ファッションはもちろん、ビューティ撮影のオファーも多い雅子さんは、色白美肌の持ち主として有名。それは徹底した紫外線カットを実践しているためだとか。肌を守る秘訣をご紹介。

日焼けはすべての老化の原因なので絶対にしたくない。色白は唯一の長所でもあるし。空を仰いで眩しい時は紫外線があると思え！を信条に、一年中日よけを実践。春夏は帽子や日傘、羽織り物、日焼け止めで直接陽ざしを浴びないように。目もサングラスでしっかりガード。秋冬でもスキンケアの最後に日焼け止めを塗る。さらに、洗濯物を干す時にも帽子をかぶり、電車に乗ったらカーテンを閉めるなど、面倒くさがらずに細かく気を使うことが大切。

This is My Collection

Masako's Favorite

お気に入りコレクション

KOのサングラス

サングラスは強くなりすぎたり、マダムっぽく見えたり、日本人には難しいところがあるけれど、丸いフレームならやさしく洗練された印象に。ガードしすぎてヘンな人にならないように、おしゃれ心を忘れないことを意識している。

ロレアルパリ リバイタリフトUVブロック ホワイト

UVカット（SPF50＋、PA++++）とエイジングケアができる。シミを防ぎ、ハリと弾力を与える美容液成分も配合。仕事の時にファンデーションを重ねても、にじまず優秀。日焼け止めは毎年進化するので最新のものをチェックしている。

雅子プロデュースの日傘

ある雑誌の企画でプロデュースした日傘はこだわりが詰まった自信作。白は涼しげで素敵だけれど、紫外線カット効果を考えたら断然、黒。二つ折でもA4のバッグに入るサイズで軽量。バンブーの持ち手とタッセルで上品に。

アッシーナ ニューヨークのハット

３～４月中旬、日傘を使う前の季節の必需品。ベランダで洗濯物を干したり、家庭菜園をしたりする時など両手を空けたい時にも活躍。つばが広いので顔をすっぽりと日陰にしてくれる。折り畳んで携帯できるところも気に入っている。

定期的なケアで保つ

美しく健やかなヘア&ハンド

思いがけず、年齢が出やすい髪と手。雅子さんは細やかなケアで、サラサラでツヤのある髪とたおやかな手元を保っている。そのお手入れの方法をクローズアップ。

ビューティの撮影は手を見せることも多いので、顔と同じように日常的に気を使っている。掃除をする時には必ず軍手をして、水仕事の後はハンドクリームで保湿。外出する時には手にも日焼け止めクリームを忘れずに。手のケアは、乾燥や傷、紫外線を防ぐのが基本。爪を整える時は必ずヤスリを使う。爪切りはダメージが大きく、ひび割れや二枚爪の原因にも。どんなクリームよりも断然ネイルオイルが効果的なので、必ずポーチにも忍ばせている。

20年以上のおつきあいの林さんに相談しながらヘアケア

表参道にあるヘアサロン「GENT+HONEY HEAD DESIGN」を主宰している林ときわさんにヘアはお願いしていて、彼女が独立する前からのお付き合いでかれこれ20年以上になる。美容師として経験豊富で、とてもいい腕と感覚を持っている。仕事も趣味もすべて把握してくれているので、こちらのイメージや気分などを伝えるだけで察してくれて、的確な提案とアドバイスをもらえる。すべてに迷いのないところが素晴らしく、とても信頼できる。彼女のように頼りになるプロがいてくれると、ずいぶんと心強い。

GENT+HONEY HEAD DESIGN

ヘアサロン

雅子さんのヘアを長年担当する林ときわさんのトータルビューティサロン。ヘッドスパやメイク、ネイルケアなどメニューも多彩。

Salon data
GENT+HONEY HEAD DESIGN
東京都港区南青山 3-18-3 南青山KSビル2F
Tel.03-3401-8281
定休日　毎週月曜・第２火曜
営業時間　11:00～21:00　http://www.gh-jp.com/

「仕事や趣味、髪質などすべて分かっているので、アレンジがしやすく、やさしく素敵なニュアンスになるように話をしながら髪型を決めます。同い年なので気が合うのかもね」

林ときわさん

セルフケアのアイテム

〈ヘア編〉

髪がパサつかないように頭皮からケア。
香りにもこだわってアイテムをチョイス。

ロレアル
プロフェッショナル パリ
ミシック オイル マスク

アルガンオイル、コットンシードオイルが髪を包み込むようにうるおいを補給。髪をなめらかでツヤやかに保ち、軽やかでまとまりやすくしてくれるトリートメント。しっかりと髪に浸透する感じが好き。

ケラスターゼ
バンド フォルス　シャンプー

ケラスターゼ先進のテクノロジー「システム ピタトップシール」を採用。弱った髪を内側と外側から力強く、なめらかに。シーリング効果で髪の表面を補強して、健康で美しい髪の基盤を作るシャンプー。

イジニス
イノシシ毛のヘアブラシ

頭皮の血行がよくなり、髪にツヤを与えてくれるので毎日必ずブラッシングしている。フランスの職人の手で作られるイジニスのヘアブラシはプロも愛用している逸品で、使い心地がとてもいい。

ロレアル パリ エルセーヴ
エクストラオーディナリー
オイル

洗い流さないトリートメント。5種類のフラワーエキストラオイルでしっとりしなやかに。パサつきを防ぎ、ナチュラルなツヤを与えてくれるので使いやすい。オリエンタルな香りも心地よい。

モロッカンオイル
リストレーティブ ヘアマスク

優れた浸透性を持ち、オリーブオイルの2～3倍というビタミンE（抗酸化作用）を含むモロッカンオイルやアルガンオイルを配合。髪本来の弾力とコシを蘇らせ、ダメージを一気に解消してくれる。

サボン
サンガードシート

シート型の日焼け止めローション。ウェットティッシュ感覚で、汚れや汗の拭きとりも一緒にできるので便利。SPF30でしっかり紫外線を防ぎつつ、エタノールフリーで低刺激なのも嬉しい。

Dr. ハウシュカ
ハンドクリーム

オーガニックでやさしい使用感ながらしっかり保湿できるローズ系の香りが好き。ポーチに入るサイズなので携帯に便利。手を洗ったらすぐにつける。寝る前にはネイルオイルとダブルづけ。

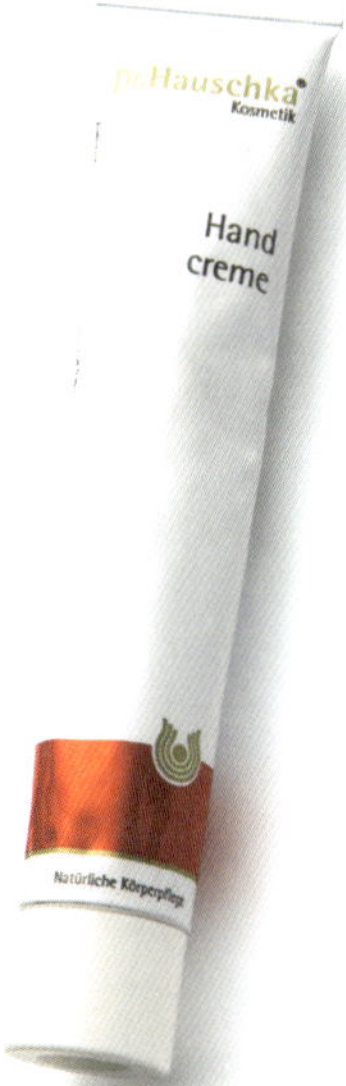

セルフケアのアイテム

〈ハンド編〉

手のお手入れは習慣になっているので苦にならない。
時にはスペシャルケアでたっぷり保湿。

コールワン
ピュア パフューム オイル

甘皮や爪の脇の乾燥を予防するためにネイルオイルは不可欠。これはオリーブから抽出できるオイル中でも0.5～1%程度しか含まれない「オリーブスクワラン」を使用。天然成分なので肌にやさしい。

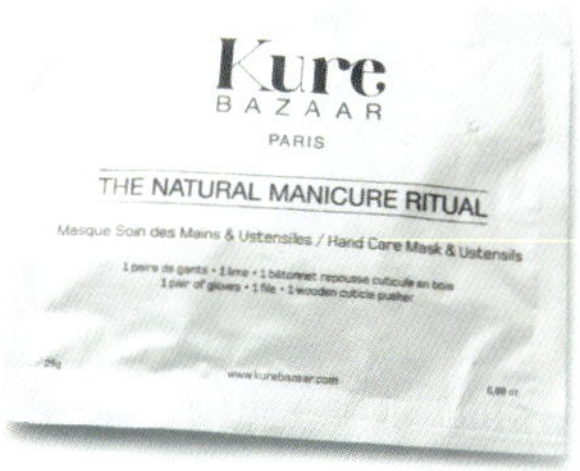

キュア バザー
ナチュラル　マニキュア　ケア　キット

手をすっぽり覆うグローブ型のマスク。手肌がしっとりすべすべになる。集中ケアするとみずみずしさが蘇えるので、定期的に使っている。顔用のシートパックを利用することもある。

気分によって使い分け

仕上げに欠かせない香水

香水はなくてはならないもの。着こなしを完成させ、
気分を上げるエッセンスとしてライフスタイルの一部に。
数あるコレクションの中からお気に入りを紹介。

香水はたくさん持っていて、これはほんの一部。香りをつけていないと、忘れ物をしたような気になる。靴をはいて出かける前に、ちょっとつけてから行く感じが好き。撮影では、サンプルの服に香りが移ってしまうのでつけられないけれど、プライベートでは、沢山の種類の中から気分やTPOに合わせて楽しんでいる。基本的にはローズ系が好みで、守られているような安心感がある。香水瓶も好きなので空になっても捨てないで、ずらりと並べて飾ってある。

This is My Perfume!

Masako's Favorite

お気に入りコレクション

ジョー マローン ロンドン
「ブラックベリー&ベイ」

このブランドが好きで使うことが多い。ブラックベリーと月桂樹の葉など、グリーン系の香り。甘さと爽やかさのバランスがいい。

パルファン・クリスチャン・ディオール
「フォーエヴァー アンド エヴァー ディオール」

ローズベースにフリージアとジャスミンをブレンドしたフレッシュなフローラルブーケ。ディオールの香りは個性的でポイントになる。

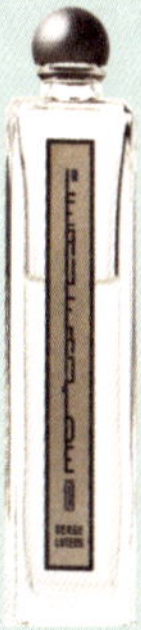

パルファム セルジュ・ルタンス
「ロー フォアッド」

ロー フォアッドとは、冷たい水という意味で"香りをつけない香り"というコンセプト。清潔感のある中性的な香りは梅雨時などに最適。

ゲラン「ランスタン・ド・ゲラン」

甘美な女らしさを感じさせる濃厚なパルファン。夜に似合う香りでありながら、マダムっぽくならず洗練された雰囲気がある。

シャネル「NO.5」

ローズ、ジャスミン、イランイランを中心にしたフローラルな香り。色も香りも深みがあり、さすが、多くの女性に愛される永遠の定番。

アンティアンティ「ローズリリー」

100%天然成分でハンドメイドのオーガニック香水。ローズとユリが調和したフローラルな香り。香りを残さず軽やかに楽しみたい時に。

パルファン・ロジーヌ パリ
「Frisson de Rose」

ブルガリアンローズとともにミントやレモン、サンダルウッドなどが香るフローラルグリーンの香り。フレッシュで夏にぴったり。

パルファン・ロジーヌ パリ
「ローズ デテ・ド・ロジーヌ」

バラに的を絞ったパリの香水ブランド。これは夏のバラや花々にハーブ、りんご、ベルガモットをブレンドしたフルーティな香り。

アトリエ・コロン
「オランジ・サングイン」

バカンスの時にかいだオレンジの香りをイメージ。これは展示会でいただいたもので、カバーにイニシャルを入れてくれた。

Dairy

How to

本人の持ち味を最大限に生かしてきれいに見えるメイクが理想。素肌感を大切にしたいから、ベースは日焼け止めクリーム＋BBクリームのみで仕上げ、クリームチークで健康的な血色のよさを。眉毛は指で整える程度で、目元はマスカラだけ。まつ毛をビューラーでしっかり上げてから、マスカラ下地と黒のマスカラを重ね塗り。口元はグロスでほんのりと。

使用アイテム

L'ORÉAL PARIS

ロレアル パリのBBクリーム
リバイタリフト UV ブロック BB

紫外線カット＋エイジングケアのBBクリーム。ツヤ感が出てヨレないので使いやすい。パウダーは、老けて見えるので使わない。

NARS

ナーズのリップグロス

目元に色みがないので、赤いグロスで血色よく。一度塗ってからティッシュオフして、ほんのりと色づく程度に。

L'ORÉAL PARIS

ロレアルパリのマスカラ
カールインパクト コラーゲン

アイシャドウを使わない分、マスカラはしっかり。ブラシを縦に使い1本ずつ丁寧に塗るのがコツ。コレだけで十分立体感が出て目元の表情が変わる。

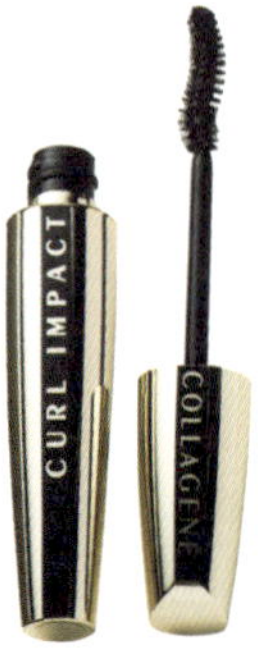

雅子流

ミニマル セルフ メイク公開

さりげないのに印象的な大人のナチュラルメイクが雅子流。愛用コスメを使った、簡単にできるテクニックを披露。

Dress Up

How to

アイシャドウで目元を華やかに。上まぶたにはアイシャドウの陰影で立体感を。まず、ゴールドを全体に乗せ、平筆でネイビーをまつ毛の際に塗り、さらにグレーラメを重ねて深みを出す。アイラインは目尻にだけ引いて、綿棒でぼかす。下まぶたは目頭から目尻までまつげの際にアイラインを細く引いて、綿棒でぼかす。その下にグレーラメを入れ、仕上げに目頭と下まぶたにネイビーのシャドウを入れてバランスをとる。マスカラもしっかりと。

使用アイテム

L'ORÉAL PARIS

ロレアルパリのアイライナー

ニュアンスを調整しやすいペンシルタイプを愛用。アイラインで目を強調するのではなく、アイシャドウの陰影で目力を強くしたい。いかにも引いてます、という感じにならないように綿棒でぼかして使うのがポイント。

CHICCA

キッカのクリームチーク

色が白いのでチークは欠かせない。乾燥しないクリームチークをチョイス。強い色に見えるけれど、スポンジでつけるととても自然な血色のよさに。ナチュラルすぎるとつまらないのでポイント作りは必要。

CHICCA

キッカのアイシャドウ

メイクアップアーティストの吉川康雄さんがプロデュースするブランド。大人の女性に似合う発色で使いやすい。グレーのラメが一番自然に陰影を作れる。ネイビー＋グレーラメが目元を強調するベストコンビ。

気分によって使い分け

ポーチの中身拝見！

フィンランドのテキスタイルブランド「ヨハンナ グリクセン」のもの。使いやすい大きさとシックな色が好き。

1. 右／必需品のリップバーム。今使っているのはボディショップのもの。左／目元の乾燥やシワ予防に。ロクシタンのシアバターに勝るものはない。2. 目の乾燥対策に目薬。3. 右／ビクトリノックスのアーミーナイフ。左／資生堂のコスメ道具は優秀。毛抜きの他、はさみやビューラーも愛用。4. 爪のケアに欠かせないukaのネイルオイル。5. 耳せん。ロケバスの中でも安眠したい。6. 手鏡は魁皇の断髪式の時のもらいもの。小さくて使いやすい。7. マスクは乾燥や風邪予防に。バンドエイドも必携。8. サンプルの香水。撮影が終わった後につけたり、空気が悪い時のために忍ばせておく。9. 爪は必ずヤスリでケア。爪切りは使わない。10. アンティークのピルケース。撮影の時にはずしたアクセサリーをしまう。11. シャネルの口紅は、撮影後にレセプションに行くなど、いざという時のための身だしなみグッズ。12. テラクォーレのハンドクリーム。香りも使用感も好き。ポーチに入る小さいサイズも◎。そろそろ買い替え時。13. モルガン ベロのブレスレット。手元が寂しい時にプラス。

Part 3

Masako's Food

Diary of Food, Vegetable Garden,
Masako's Rule

食べることいろいろ

食べることいろいろ

食の大切さを意識するようになったのはいつからだろう？　新鮮な旬の野菜の美味しさはそれだけで感動モノだし、国内外の珍しい食べ物に出合うことも子供の頃よりずいぶんとある。食育という言葉があるように、心身を充実させ、豊かにするには食べることが大事で、さらには生きるということでもある。

体調管理も仕事のうち。寒暖の変化でいちいち体調を悪くしていては仕事にならないし、気持ちも荒む。それにはまずは食べることが基本となる。季節の移ろいを感じるには旬のものを食べるのがいちばんだし、何よりも美味しいはず。何処かにオーガニックマーケットなるものがあればイソイソと出かけて行く。食の慈しみはそんなところにもあるのではないだろうか。

毎日の食生活はというとまずは朝ゴハンだ。起きてすぐに食べることができる習慣は実家に居た時からのものだし、当然のことながら朝は1日の始まりで、頭と体をゆっくりと覚醒していくという目的もある。何かの理由で食べられない日はなんだか忘れものをしたみたいに落ち着かなくなってしまう。早朝の仕事の時などにはお茶だけにすることもあるけれど、臨機応変に朝食の時間を大切にしている。

昼食はこれまたその時々で変わる。撮影が押してお昼の時間に食べられないことはザラだし、食べ損ねることもある。だからなおさら、休日の友人とのランチは楽しみで仕方がない。時間と条件が許す限り、夜ではなくランチの約束をする場合が多い。

夜は基本的にはウチで夫と食べる。料理上手の人を本当にうらやましく思うけれど、まあ、なんとか頑張っているつもり。野菜を中心に少ないレパートリーの中から拵え、暴飲暴食は避けて、できるだけ早めに済ますのが鉄則だ。もちろん外食も大好きで、馴染みのお店はいくつもあるし、美味しそうなお店をチェックするのも楽しい。

ところで、我が家には屋上があって、引っ越し時にこれは何かやろうということになった。私はいつかやりたいと思っていた家庭菜園を提案し、夫のリクエストは食べられるもの。四季折々の美しい花々の観賞には興味がない、それよりも育て、食べることができたら嬉しいという。意見が一致したところで、ならば憧れのオリーブを育ててみたい。ふたりで旅したイタリアのフィレンツェで、オリーブ畑の中を歩いた光景も忘れられない思い出だ。見た目ヨシ、虫もあまり付かないというし、さらには実が成って食べることができたら素敵だ。他にも何か、自家製の野菜をチャチャッと摘みに行く感覚で育てることができるなら……。

記念樹さながらオリーブの苗を2つ、結実するには異なる品種を揃えるのがいいとアドバイスされ、ネバディロ・ブランコとマンザニロという品種を選んだ。トマトやパプリカ、茄子など(その年々の気分で違うけれど)、バジル、ミント、シソのハーブ類も育てることにした。そうして、オリーブを中心とした念願の屋上菜園の日々が始まったのである。

朝食前の水やりは日課になった。何しろ日焼けをしたくない私は帽子と軍手、首には手ぬぐいをぐるぐる巻きにして完全防備、この世でいちばんキライな虫との遭遇に驚愕しつつ、苦手な土いじりに格闘しつつ、それでも何とも言えない満ち足りた気分を日々実感している。やがて、待望の収穫の時を迎え、自家製のオリーブを食べる好機が来た。育てる楽しさ、収穫の歓び、そして、食べるシアワセ。もう言葉にならないほどの感激なのだ。

食べ物日記

バランスのよい食事が信条の雅子さん。そこで、毎日のメニューを日記形式で披露。美と元気の秘密がそこに。

DAY 1.

Morning

いつもの朝食メニュー

これをベースにその日によって増減する。パンにはバターとジャムをつけて糖分と一緒に。たんぱく質はゆで卵とチーズで、ビタミンCは果物で。シメにヨーグルト。紅茶も必ず。バランスよく食べたい。

Lunch

大好きな「茅乃舎だし」で素うどんを

自然食レストラン「茅乃舎」の化学調味料・保存料無添加のだしは本当に美味しい。だしをベースに酒＋塩を少し加えて、白とろろに黒七味を少し。何もない時にサッと作ってサッと食べる。

Dinner

ビーフストロガノフとグリーンサラダ

ビーフストロガノフは意外と簡単で、見た目も優秀。サフランライスではなく、普通のご飯でも充分美味しい。コショウを多めに。サラダは自家製のフレンチドレッシングで。

DAY 2.

Morning

ランチの約束がある日は朝食は簡単に

朝食は必ず食べるけれど、ランチの約束がある日は簡単メニューで控えめにして調整。それでも果物は欠かせない。紅茶とヨーグルトも必ず。バナナは腹もちがいいし、食べやすいし、万能。

Lunch

オーガニックレストランで女子会ランチ

青山にあるオーガニックレストランへ。チョイスした野菜カレーはスパイシーさとココナッツの甘さが絶妙。サフランライスとも相性がよくて、リピートしたい美味しさ。自分でなかなか作れないお味。

Dinner

オーガニックな新玉ねぎのスープ

お昼にいっぱい食べたので夜はシンプルに。オーガニックスープで心身ともにやさしい夕食。メインは新玉ねぎのスープ。茅乃舎の洋風だしにベーコンを少し散らして。コトコト煮ている時間が至福。

DAY 3.

Morning

早朝の撮影の日はお茶だけ飲んで

スタジオに朝食が用意されていることが多いので、家ではお茶だけ飲んで出かける。お気に入りのマリアージュフレールのアールグレイティに、ハチミツを入れて甘くして。体を温めてから。

Lunch

撮影終了後のお昼は大人気の chioben

美味しい！と大評判の chioben を初めていただく。噂の味を堪能できて嬉しい。見た目も味もすべて文句ナシ。旬の食材を使った沢山の種類の美味しさがギュッと詰まってる。人気の理由がよく分かる。

Dinner

最近のお気に入り、白味噌に木綿豆腐

撮影で帰りが遅くなってしまった日は夕食は軽めにすませる。白味噌のお味噌汁に木綿豆腐を入れただけのシンプルメニュー。美味しいおだしを使って味わい深く。仕上げに、花山椒をパッパッとね。

DAY 4.

Morning

パンに前日の残りのお味噌汁

前日のお味噌汁を一杯分残しておいて、翌朝食べることがよくある。バターをたっぷり付けたパンと一緒にいただくので、お味噌汁はミソスープのノリで。最後はいつも通り、果物とヨーグルトでシメ。

Lunch

撮影後のランチは大きな調理パン

編集の方が用意してくれたランチは、畑田パン店の手のひらほどある大きな調理パン。いろいろ種類があったので、迷った挙句にメンチコロッケをチョイス。大きく口を開けてガブリと頬張るのがいい。

Dinner

チキンと野菜のオーブン焼き

チキンに塩コショウして、野菜も一緒にオーブンへ。１９０℃で25分くらい待つと肉も野菜もジューシィに。本格的なガスオーブンがあるのに全然使ってなかった。今年はオーブン料理を覚えたい。

DAY 5.

Morning

週末の朝はカフェで朝食

夫の仕事柄、平日はタイミングが合わないけれど、週末は一緒に朝食。散歩がてら20分ほど歩いて近所のカフェへ。目玉焼きはオーバー・イージーがウマイ。黄身がトロトロです。葉っぱもたっぷり。

Lunch

伝説のペコちゃん焼をお昼兼おやつに

お昼というか、おやつというか。神楽坂の不二家でしか手に入らないペコちゃん焼。神楽坂に行くと必ず買って帰る。一番好きなのは小倉餡。甘い皮との組み合わせが絶妙。残りは冷凍して、また今度。

Dinner

季節限定、大好物のカキフライ

ずっと食わず嫌いだったのだが、10年前に美味しさに気づいて以来、大好物に。美味しいトンカツ屋のこの店では、生姜醤油で食べることを教わった。あっさり、さっぱりした和風味がクセになる。

DAY 6.

Morning

カリッと焼いたパンにバター＆ハチミツ

パンは何種類か買って冷凍しておく。今日は丸くて素朴な味わいの田舎パンをチン。発酵タイプのよつ葉バターをたっぷり塗り、レモン味のはちみつをたらり。このシンプルな美味しさは永遠と思う。

Lunch

常備食の肉まんをせいろで蒸してほっこり

近所にある手作り台湾肉包の店「鹿港(ルーガン)」の肉まんがお気に入りで、冷凍して必ず常備。美味しくいただくには、まんの類いは必ずせいろで蒸すのが鉄則。お茶は中国茶にしてほっこり。

Dinner

夫にすこぶる評判のいい豆ヒジキ

夫からリクエストされる自慢の一品。人参、さやいんげん、油揚げ、糸コンなどいろいろ入れて五目にして、食べ応えのあるおかずに。胡麻油で炒めた後、だしと酒、少しの塩で煮るのが私流。

DAY 7.

Morning

急ぎの朝は果物とヨーグルトでシンプルに

今日もランチの約束があるし、急いでもいたので軽めに済ませる。果物やヨーグルトの種類はその時々で変わるけど、必ず何かは食べる。飲み物はいつものマリアージュフレールのアールグレイ。

Lunch

原宿のイートリップで初夏のランチ

イートリップは緑いっぱいの心地のよい一軒家レストラン。味、雰囲気は申し分なく、風が爽やかで、まるでバークレーのようと盛り上がる。バークレーといえば、いつか行きたいのはシェ・パニーズ。

Dinner

ラーメンだって食べるんです

魚だしのラーメンは定期的に食べたくなるコクのある味。しかも、ヘルシーなのでラーメンを食べた後の罪悪感もない。ワンタンをトッピング。生のネギは苦手なので、代わりに海苔を添えてくれた。

DAY 8.

Morning

博多の美味しい明太子でTKG

基本的に朝食はパン派だけど、博多の美味しい明太子をいただいたので、ご飯を炊いてTKGに。TKGって、たまごかけご飯のこと。卵をひたすら混ぜて、おしょうゆをちょっとだけ垂らすのが好き。

Lunch

カフェでパウンドケーキと生クリーム

昼食兼おやつ。となると、スイーツが優先するのは当然のこと。カフェ・オ・レも美味しい。実は、甘いものが大好き。生クリームとパウンドケーキの組み合わせは、いつだって最高♪

Dinner

大好きなハンバーグで幸せな気分に

ハンバーグ。ソースはデミグラス。大人になると声を大にして言えなくなるけれど、子供の頃から、もちろん今も大好きハンバーグ！母が作ってくれた丸っこい形の煮込みハンバーグがやっぱり一番！

屋上菜園を使って自分で作った野菜生活

家の屋上がとても広いので、いつかやってみたかった家庭菜園に挑戦。虫が付きにくく初心者でも育てやすい、と勧められたオリーブを手始めに。7年経った今では、トマト、茄子、ハーブ類など、季節に合わせて種類も豊富に。

簡単で美味しいバジルペースト。バジルの葉を摘んで、オリーブオイルと松の実、チーズを入れてフードプロセッサで混ぜるだけ。ゆでたてパスタと和えて、フレッシュハーブならではの豊かな香りを堪能。

自家製野菜食いろいろ

Genovese Sauce Pasta

完熟トマトは、自家菜園ならではの楽しみ。太陽の味が感じられる絶品。

手前は、採りたてのオリーブを苛性ソーダで約5日間ほどシブ抜きしてから塩漬けにしたもの。奥は、塩漬けオリーブをオイルで和えたもの。

記念樹でもあるオリーブは、植え替えして大きく育った。今では、こんなにたくさんの実をつけてくれる。写真は去年の10月に収穫したもの。

雅子流
体型キープの
MY RULE

美しい肌とスレンダーな体を
キープする秘訣は食べ物&食べ方にアリ！
雅子流食事ルールを公開。

RULE 1
毎朝、必ず果物を食べる。

どんなに朝が早くても必ず朝食は取るようにする。体を温めて活動モードに。特に、果物は欠かさない。ビタミンCやミネラルを補給。

RULE 2
いろんな野菜を摂る。

野菜はできるだけいろいろな種類を摂るように心がける。できればオーガニックのものをサラダで。栄養が偏らないように気を付けたい。

RULE 3
好きなものを好きなように食べる。

食事を我慢するのはストレスになる。食べ過ぎはよくないので時間やバランスは気を付けるけれど、基本的には好きなものを好きなように。

RULE 4
旬の食べ物で季節を楽しむ。

食べ物は旬に食べるのが一番美味しいし、栄養価も高い。季節感を大切にすると食事がもっと楽しくなって毎日が豊かに。心も体も元気になる。

RULE 5
1日の食事の中で栄養やカロリーのバランスを取る。

ランチをたっぷり食べる日は朝食を軽く、ハイカロリーな夕食の時は昼食とおやつを一緒に。1日の中でバランスを取って食べ過ぎないように調整。

RULE 6
なるべく添加物を取らない。

化学調味料や保存料などは避けて、なるべく自然に近い体にやさしいものを食べる。美味しい調味料を使うとたとえ量が少なくても満足感がある。

RULE 7
夜遅い時間の食事は控えて胃をからっぽにして寝る。

食べ過ぎ状態だと寝付けないので、寝る2〜3時間前には食事を終えて胃をからっぽに。遅くなった日は消化のいいものをほんの少しだけいただく。

Part 4

Masako's Now and Then

1964-2014

今までとこれから

今までとこれから

モデルという仕事に就いたのは19歳の終わり、20歳になる年のことだった。今年で30年という計算になる。あっという間に月日が流れた。当初はこんなに長く続けたいとも、続けられるとも思っていなかったけれど、きっと縁があったのだろう。

近年は大人向けの雑誌等が元気で、私自身も等身大で共感し、40代になっても年相応の誌面に出ることができているのは、なんてシアワセなことか。ずっと以前なら考えられなかったことで、何しろモデルは若いうちが華、もしくは女優などになる前のステップアップ的な位置づけとして捉えられていたように思う。けれども私の所属する事務所では、若いモデルたちの活躍はもちろんのこと、素敵に年を重ね、様々な媒体でイキイキとした姿を披露しているアラフォー、アラフィフ女子がたくさんいる。それは大いに励みになるし、何よりとても嬉しいことである。

モデルを始めて間もない20歳の頃、ある年上の女性に「20代の10年をどう過ごすかによって30になった時の顔になる。30代も同じように、30代の10年が次に迎える40の時の顔を作る。以下同様に50代、60代、70代、一生続く……」というような言葉を聞いた。当時は特に気にも留めていなかったけれど、30歳を迎える節目にふと思い出した。心のどこかに残っていたのかもしれない。それがココ・シャネルの名言だということを知ったのは、しばらく後になってからだけど。

20代の顔は自然に与えられたもの、30代の顔は生活が形作るもの、50歳の顔はあなたが手に入れるもの——。あまりに有名なシャネルのこの言葉は方々で引用され、女性たちを勇気づけ、ハッとさせられつつ、素敵に生きていくためのヒントになっていることは言うまでもない。今では折に触れて思い出し、確認するようにその言葉の意味を考えたりするのである。

日々の生活をどんな風に過ごすか、過ごしたかが顔に表れるのは、女性にとって大切なことだと思う。日頃の暮らしぶりがその人を形成するというのだから、これはボーッとなんてしていられないのだ。

今夏、私は50代を迎える。アラフィフのちょうど折り返し地点、還暦まで10年、もし100歳まで生きるとしたらまだ半分に過ぎない。前記のシャネルの言葉によると、50歳の顔は自分自身によって手に入れるとあるが、その覚悟ができているかどうか微妙だ。と同時に、そんなに大袈裟なことではないという気軽さもあるし、そもそも大して年齢にはこだわりがない。むしろ、若い頃には考えられなかった年を重ねる楽しみ、成熟するという深み、人生を謳歌するには最適な年になってきたのかなと思う。私のまわりにはステキな、日々楽しそうな年上の友人知人が沢山いるのも心強い。まさに心躍る予感さえするのだ。それにはやはり、1日1日を丁寧に過ごしていく条件付きで、いつか、シャネルの言葉に近づける日が来るかもしれないと期待している。

［子供の頃］

普通の家庭に育った典型的な次女タイプ

Masako's History 1964-1983

１９６４年７月30日、サラリーマンの父と専業主婦の母のもとに、次女として生まれた。生まれも育ちも東京・日本橋という田舎を知らない都会っ子、ごく普通の家庭で育った。ちょっと要領のいい典型的な次女タイプで、どこか冷めたところのある子供だった。

公立中学から受験で私立の女子校へ。大学受験する気はさらさらなく、当時流行の聖子ちゃんカットにしたり、学校帰りに原宿に遊びに行ったり、バイトをしたり、まさに青春を謳歌していた。将来はＯＬになるよりも、手に職をつけて独立したいとは思っていた。周囲にチヤホヤされることもなく、自分がモデルになるなんて想像さえしていなかった。

ある日、通っていた原宿の美容院でカットモデルを頼まれ雑誌に出ることに。さらに、写真学校の生徒に卒業制作のモデルになってほしいと声をかけられたりして、遊びの延長線でモデルみたいなことをやり始めた。

1965

生まれた翌年のひなまつり。ひな人形が飾ってあるタンスの前で、母と３つ違いの姉と一緒に。雰囲気やモノクロ写真に時代を感じる１枚。

1967

正月に親戚の家に遊びに行った時の家族写真。私にしては珍しい赤い色の服。たぶん、姉のお下がりのワンピースを着て。父に膝に乗るのが好きだった。

1964

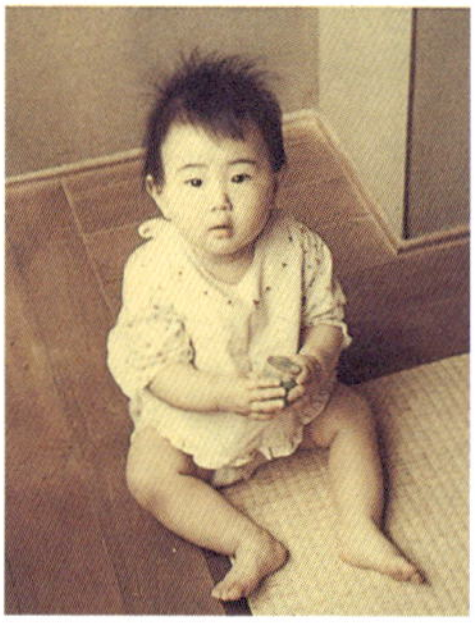

予定日より早く生まれ、危うく保育器に入るところだったとか。写真は１歳になる前で首が据わったくらいの頃。目鼻立ちは今とあまり変わらないかも!?

1966

ある時期まで、両親の結婚記念日に写真館で家族写真を撮っていた。これはその帰りに寄った家の近所の公園でのスナップ。60年代っぽい帽子とワンピース。

1970

七五三。初めて自分で選んだ着物で晴れ姿。この日のために髪を伸ばして日本髪を結い、メイクも。あまりに気に入ったのか、翌日、日本髪を結ったままで幼稚園に行ったというオチが。

［20代］

時代の波に乗って精力的に仕事をこなした多忙な時期 *Masako's History 1984-1993*

20歳になる少し前に、知人の紹介でモデル事務所に入り、モデルの仕事をスタート。世の中に活気があって、ファッションも雑誌も元気だった。ちょうどハーフモデルの波が終わり、日本人の等身大のモデルが注目され始めた頃で、その波に乗れたのはラッキーだった。

『アンアン』や『装苑』、『流行通信』などの仕事が多く、とんがった大人たちとクリエイティブな仕事をする機会も多かった。彼らのクォリティの高い仕事ぶりは刺激的で面白かったし、プロとして自覚を持つ大切さを教えてもらった。有意義な遊びにお金が使える華やかな時代で、何もかもが新鮮で楽しかった。

ただ、個性的なタイプがもてはやされる頃でもあったので、逆のタイプの私の顔立ちは、つまらないと片づけられてしまうこともあった。もっといろんなことにトライしたいのに……。仕事に恵まれて忙しかったけれど、一方でそんなはがゆさも感じていた。

1987

『アンアン』1987年2月27日号 ©マガジンハウス

20代前半は『アンアン』時代。先端を行く大人たちにかわいがってもらった。プロ意識の高さを目の当たりにし、私も自覚が芽生えてきた。また、ファッションと同じくらい着物の仕事も多かった。

1989

『装苑』1989年9月号（文化出版局刊）

『装苑』の仕事が増えてきた25歳頃。当時、大御所のカメラマンと私のような若いモデルを組み合わせた面白い試みをよくやっていた。

1994

『ファッション販売』1994年10月号（商業界刊）

〝個性〟がもてはやされ、ファッションもアバンギャルドなほど格好良かった。ファッション業界向けの雑誌の表紙もこんなに個性的。時代の勢いと遊びが感じられる。

1986

クレッセンド製作／写真：安珠

写真家の安珠さんが私を気に入ってくれて、たくさん作品撮りをした中の1枚。イメージに縛られず、自由にいろいろな世界観を作れるので作品撮りは好きだった。

[30代]

悩みを抱えながらも自分の可能性や趣味にチャレンジ *Masako's History 1994-2003*

モデルにとって20代後半～30代はひとつの過渡期だが、私の場合は、もともとビューティの仕事が多かったことや新たに『LEE』などのナチュラル系雑誌から声がかかって何となく移行できた。その他、映画『リング』で女優に挑戦するなど、モデル以外の仕事もいろいろ模索していた。

人生的には少し悩んだ時期で、誰もが陥る若さへの葛藤を抱えたり、34歳で結婚、37歳で離婚を経験したり、心が揺れることも多かった。ひとりの時間を大切にし、いつでも平常心を保って向き合い、乗り越えてきた。

仕事以外では、趣味が私を味方してくれた。グルメブームに乗って友だちと美味しいものを食べたり、映画や本はもちろん、オペラや歌舞伎を観たり、以前習っていたクラシックバレエを本格的に再開したり。ライフスタイルにも興味が出て、好きなことを好奇心旺盛に探究。20代とは違う充実した年代だったと思う。

1997

『Domani』1997年6月号掲載（小学館刊）／写真：藪田修身〈W〉

当時はまだアナログ時代。今のような修正技術はなく、肌の状態を整えるのも仕事のうちで、プロ意識が試された。メイクはステファン・マレー。

2003

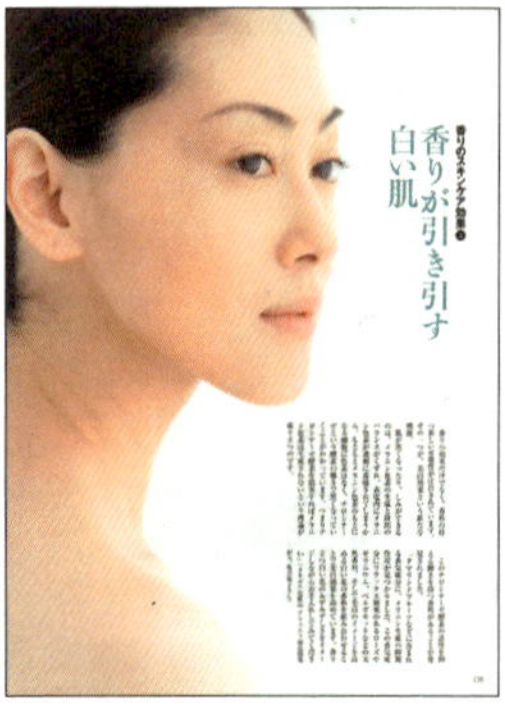

『ミセス』2003年6月号掲載（文化出版局刊）／写真：高橋ヒデキ

ビューティの仕事が多かったおかげで、トレンドファッション誌からミセス誌への移行もスムーズに。美容業界に勢いがあったことも幸いした。2000年頃からデジタル写真の時代へ。

1998

写真：設楽茂男

雑誌で撮影した写真をもらってコンポジット用にしたもの。細眉やヘアカラーなど、美容のバリエーションが出てきた頃。撮影に行くたびに眉毛を抜かれてどんどん細くなった。

2003

『和樂』2003年6月号掲載（小学館刊）／写真：中川十内

当時はクールな女性像がトレンドで、細い眉とグレイッシュな目元が特徴的な大人っぽいメイクが主流。これはまだアナログ撮影の写真。

映画にも出演しました！

貞子の母親である山村志津子役を演じ、『リング2』（1999年公開）、『リング0 バースデイ』（2000年公開）にも出演。映画の撮影現場の男っぽい世界に実は馴染めなかった。

『リング』

発売中
発売元：KADOKAWA　角川書店
販売元：ポニーキャニオン
価　格：Blu-ray ￥3,800（本体）+税

［40代］

Masako's History 2004-2013

アラフォーブームに乗って新たなステージへ

30代に入った時のような焦燥感はなく、ポジティブな気持ちで40代を迎えた。42歳で再婚したことも大きかったかもしれない。

40歳になりたての頃はまだそれほどでもなかったけれど、その後『GLOW』や『大人のおしゃれ手帖』といった40代、50代向け雑誌が創刊され、時代が大人を応援するようになってきた。自分自身が共感できる媒体が増えてきて嬉しいし、声をかけていただけることは本当に幸せなことだと思う。

ただ、老いとの闘いは年々、確実に迫ってくるので、20代30代で自分自身を磨いたのとはまた違う意味で、若々しくいられるように気をつけていきたい。それは、ヘンに若づくりすることではなく、心身ともに健やかであること。健康であれば、自然な美しい肌になり、表情も豊かになる。年相応のナチュラルさや美しさを身につけ、生活習慣や食事、心の有り様などに気をつけて、自然な形で年齢を重ねていくことができたらいいなと思っている。

2006

大人になったからこそ、醸し出せる美しさがあると思う。『ミセス』の撮影では日本人女性ならではのしっとりとしたたおやかな魅力を表現。

『ミセス』2006年4月号掲載〈文化出版局刊〉／写真：藏田好之

2012

『GLOW』2012年8月号掲載〈宝島社刊〉／写真：玉置順子〈t.cube〉

同じ業界で共にキャリアを積んできた人たちとの仕事は楽しい。玉置さんも信頼できるカメラマンの1人。ツボが分かっているからサクサク、撮影も快調に進む。

2014

『大人のおしゃれ手帖』2014年4月号掲載〈宝島社刊〉／写真：枦木 功〈nomadica〉

ナチュラル系雑誌からも声をかけてもらえるようになって世界が広がった気がする。『大人のおしゃれ手帖』はナチュラル系の40～50代向け。

2012

『GLOW』2012年9月号掲載〈宝島社刊〉／写真：玉置順子〈t.cube〉

自分自身が共感できる大人の雑誌があるのはとても嬉しい。その声に応えられるように……。ビューティの仕事も相変わらず多い。

［夫婦のこと］

Masako's Partner

お互いを尊重し合える関係が心地いい

出会いは2006年3月。バツイチ同士だったので気負いがなかったのか、気持ちが一致した後の展開は早く、6月に婚約、9月に入籍した。

彼とは映画の試写会で共通の友人を通じて知り合った。7歳年下だけど映画の話などをしていくうちに、意気投合。知識が豊富で勉強になって、一般常識もある。なによりも初めて安心感を抱いた人だった。

プロポーズの際、私から3つの条件を出した。①いつか親友になりたい ②絶対的な味方になってほしい ③死ぬ時は長い方の寿命に合わせる。

私の理想は自立した二人が一緒になること。結婚してもお互いに一人の時間も大切にしたいから、大きな干渉はしない。普段は仕事の都合で生活時間帯が違っても、メールのやりとりでコミュニケーションが取れる。家庭に仕事を持ち込まず、一緒にいる時間を大切にする。そんな風に認め合い尊重し合える関係がとても心地よく、楽しい毎日。

パリの朝カフェにて

3泊4日の弾丸パリ旅行。やっぱりカフェで朝食を食べないことには始まらない。寒かったけれど、コートを着てテラス席で。

海の幸ランチ

美味しい食事もパリの楽しみ。お目当ては旬の海の幸、友人たちとレストランへ。シーフード山盛りのプレートを前にご満悦。ワインをいただいてちょっと酔っぱらってる模様。

エッフェル塔をバックに

6年ぶりのパリは弾丸旅行なので無駄なく計画的に行動。彼のリクエストで凱旋門に上って、エッフェル塔を入れて自撮り。凱旋門の上から見る放射状に延びる美しい12本の通りに改めて感動。

ハロウィンの夜

ハロウィンの時に食事に出かけたレストランで。突然帽子をかぶらされ、カメラを向けられてびっくり。私は引き気味だけど、陽気な彼はノリノリ。テンションの差が面白い。

［仲間］

Masako's Friends

切磋琢磨できる仲間っていいな

仕事を通して知り合って友人にまでなれる人は貴重だと思う。私は、ありがたいことに、モデル仲間や編集者、プレスの人たちなど沢山の友人に恵まれて、プライベートでも仲良くしてもらっている。誕生会を開いたり、女子会で集ったりするのが楽しい。

同じ業界にいて同じような仕事をしている者同士、お互いの立場を分かり合える。ファッションやライフスタイル、食などの情報交換も興味深く、勉強になる。仕事仲間は完全にプライベートな友人とは違った良さもある。

近況報告を兼ねていろいろな話をする中で、仕事の悩みなども聞いてもらったり、お互いに刺激を与え合ったり。プライベートなことも含めておしゃべりするのが楽しい。相手の仕事ぶりを通して、今を感じることもできるのも素敵なこと。

いわば、仲間はこの業界を生き抜いてきた戦友みたいなもの。まだまだいろんな波が来ると思うけれど、一緒に頑張っていきましょう！

モデル仲間とランチ

同世代のモデル仲間とランチ。右から、石井たまよさん、私、田村翔子さん、藤井かほりさん。4人揃うのは20年ぶり？苦楽を共にしてきた同期みたいな感覚。いつも、ありがとう！

ハリス展示会にて

毎回足を運ぶ「ハリス」の秋冬展示会で新作のコートを羽織って。アシスタント時代から知っているスタイリスト本瀬さん（右）と遭遇。プレスの三好さん（左）と3人で。展示会は新作チェックと意見交換が楽しい。

仲良しの編集者の誕生会

仲良し編集者のお誕生会。元編集プロダクション社長の成川さんが営むご飯屋さん「なる川」にて。右から、ライターの小竹さん、この日の主役・編集の片江さん、私、成川さん。

着付けの大久保さんと

着付けの大久保さんとは20代の頃、雑誌『アンアン』の着物撮影でお世話になって以来のお付き合い。シンプルな着せ方でラクに着ていられる。お仕事でご一緒するのは5年ぶり。

「そしてこれから」

Now and Then

40代半ば頃から、明るく50代を迎えられたらいいなと思っていた。果てしなく先に感じていたけれど、今年は遂に50歳。モデルデビュー30周年だ。また、昨年49歳で病気を患い、克服したということや自分の本を初めて出版することも含め大きな節目になった。

でも、40歳になった時のような不安はまったくなく、もっといい時代になるだろうと大らかな気持ちで迎えている。老いに対することや様々な不安もこの先出てくると思うけれど、少しずつ時代が女性の味方になっているし、元気に輝いている先輩たちを見習っていきたい。

今は情報過多の時代なので、不安になるようなネガティブな話を耳にすることも多い。あくまでもひとつの情報として捉え、惑わされないよう思考し、自省し、より自分自身らしくいられる努力をする。そして、昨日より今日、今日より明日より良くありたいと、向上心を持って前向きに上を見て歩いていく。気負わずに、ゆっくりと。

これからは〝しなやかさ〟を身につけたい。しなやかであればどんな風が吹いても、上手に流れていける。だからこそ、強いし、やさしくもなれる。さて、果たしてどんな〝雅子〟になっていくのか。実は、自分自身が一番楽しみ。

Part 5

Masako's Interior

Closet, Living, Tableware, Bookshelf
and more...

私のインテリア

私のインテリア

今住んでいる家に越したのは、結婚して半年が過ぎた頃。結婚を機に住む新しい部屋を探していて、ちょうど桜が満開の麗らかな日に引っ越しを済ませた。そうして、早くも7年目の春が過ぎたところである。

互いのものを持ち寄ってスタートし、新居に合わせて買い揃えたものは数えるほどしかない。身の回りにあるほとんどのものは馴染みのあるものばかり。家具の調和はなんとか上手くいっているものの、7年経ってもまだまだ途上にある。その時々の状況や気分や様々な理由でインテリアは変化すると思っている。今もなお、ココにはコレを置いて、ココにはコノ額が欲しい、コレは処分したい、などとブツブツ言いながら暮らしているという有様だ。

私は子供の頃から独立心が旺盛で、高校を卒業したら親元を離れて自立したいと思っていた。結局、20歳になったらという許可をもらい、念願のひとり暮らしを夢見るようにイメージした。雑貨や生活ぶりをステキに紹介する雑誌を見ては、何処かステキなお店に行っては、いろいろ楽しい思考をこらした。ひとり暮らしをしたら真っ先に揃えたい家具に、パイン材のテーブルとベントウッドの椅子があった。これは完全に雑誌の影響だと思うけれど、決して安くはないそれのために私はせっせと家具貯金をして購入し、記念すべきひとり暮らしのスタートを切った。その後は何度かのメンテナンスをし、今でも大切に使っている宝物だ。

家は、ある程度の生活感がある方がいいなと思う。もちろん所帯染みてはいただけないけれど、人が暮らす最低限の普通のこと、食べて、寝て……などということはそれだけで慌ただしい日常で、オシャレに暮らすなんてほど遠いことなんじゃないかと思う。たまに仕事で、おいそれと息もできないような完璧なまでの美意識がギッシリ詰まった部屋で撮影することもあるけれど、きれい過ぎてなんだか落ち着かない。居心地が良くて、爽風が感じられるような、心穏やかに寛げることが心地良い部屋の絶対条件だ。

服選びと同様にインテリアはバランスを考えたい。何か突飛なもので目立つのを避け、調和を重視する。特に色みは大事で、今のところワントーンのコーディネイトが気に入っている。

アール・ド・ヴィーヴル、暮らしの芸術という意味の言葉を知ったのは、20代の頃だったけれど、家の中の仕事、すなわち家事を生活の楽しさに変えることができたなら。想像力やセンスに加え、知識、技術的なことも含め、生活様式を考える愉しさ。心豊かに、素敵に暮らしていくために。

こだわりのアンティーク家具をちりばめた素敵なお住まいは、まるでパリのフラットのよう。壁を飾るアートや趣味の相撲グッズなど“らしさ”がかわいい。気になるクローゼットも公開！

This is My House!
Masako's Interior

クローゼット公開！

右上はバッグやアクセサリー、その下の棚はボトム、Tシャツ、巻き物など畳めるものを。手袋や写真は箱に入れて。中央はシャツやスカートなどを吊るしで。収納が少ないのでここからはみ出さないように時々見直して処分。

Closet

洋服類の収納は寝室の壁面に
種類別に分類してすっきり見やすく

Living

大好きなアンティーク家具や
快適なソファで寛げる空間に

オークのアンティーク家具に馴染む色で、汚れが気にならないソファが欲しくて。座面が広いので、ばさっと横になれるところもよかった。イケアで購入。

イデーのシングルソファ。背もたれが高くて頭まですっぽりと包んでくれるので、体を預けてリラックス。本を読んだりする。

アンティークのベントチェアをダイニングテーブルの椅子に。ひとり暮らしの時に２脚持っていて、結婚後買い足して４脚に。

部屋の雰囲気が変わるので、いつも何かしら花を置きたい。これは同じマンションに住むガーデニング好きの友人がくれたブーケ。

イギリスのアンティークのエクステンションテーブルをダイニング用に。まだひとり暮らしだった頃に猫脚に一目ぼれして、ずっと大切にしている。

一昨年、台湾にお茶の故郷を訪ねるテレビ番組のロケで出かけた時に買った急須。中国茶を飲む時に愛用。カップは気分で選んで。中国茶の美味しさを丁寧に味わって、ほっこり。

Tableware

お気に入りのものは大切に使う
丁寧な暮らし方が息づく愛用品たち

意外！と言われるけれど、相撲好きは20代の頃から。寺尾のファンだった。東京場所は必ず両国の国技館に足を運ぶ。枡席のお土産の食器がいつの間にか沢山。さりげなく軍配モチーフが隠れている。

花を欠かさないので花瓶は必需品。使わない時は、キッチンカウンターの下でスタンバイ。飾りながら見せる収納でインテリアのアクセントに。

パリのビストロのように壁に額を並べたくて少しずつ集めている。大好きなジャン コクトーのリトグラフ、パリで買ったアンティーク広告、『悲しみよこんにちは』のポストカードetc.。いつか、おしゃれな世界地図を飾りたい。

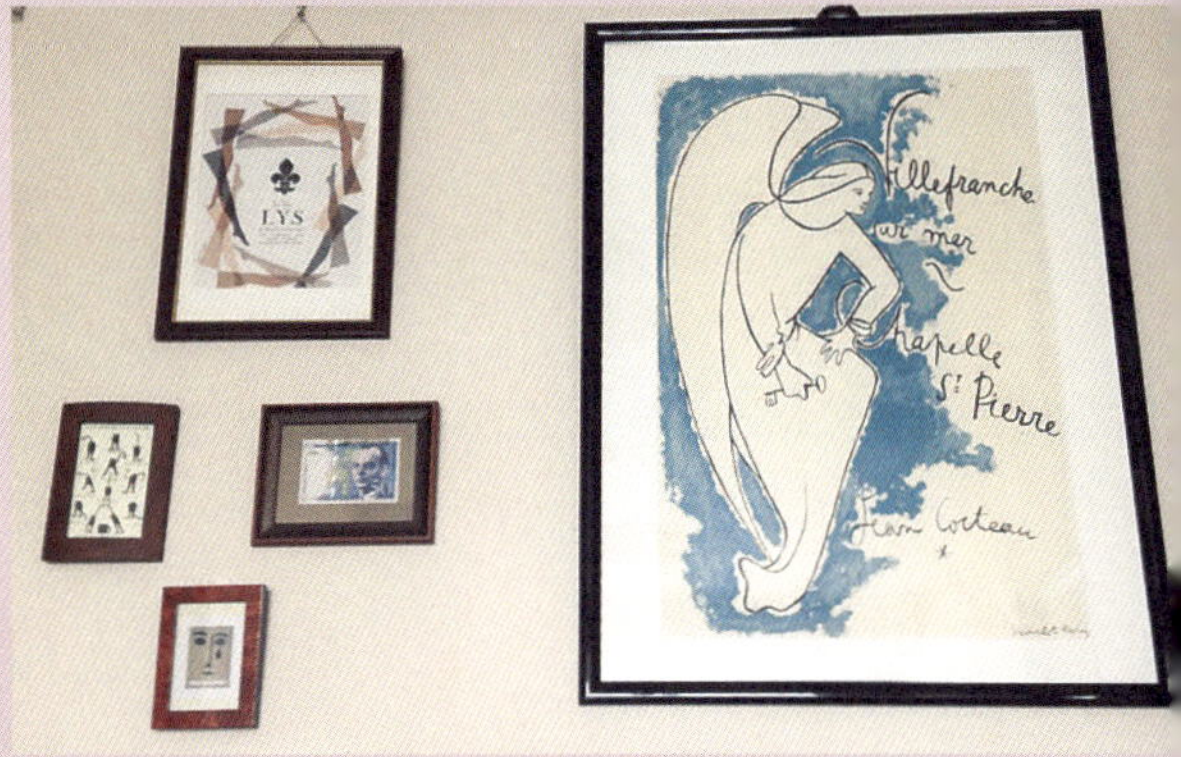

サンタマリアノヴェッラの化粧水の空き瓶をブックスタンド代わりに。クラシックなラベルのデザインがおしゃれなので再利用。床に置いた本やマンガを支えてもらっている。

Bookshelf

書庫は夫と私の本を集めたパラダイス
こだわったのは天井まであるシェルフ

夫も私も本が好きなので、たっぷり収納できる書庫が一部屋欲しかった。図書館みたいな天井まであるシェルフがいいねということになって、ピッタリ合うようにサイズを測ってイケアで揃えた。

リビングの一角に置いているチェストは、26歳頃にサザビーで買ったパイン材のアンティーク。1度メンテナンスして以降ずっと使っている。CDプレイヤーやアロマキャンドル、小さい花瓶を並べた癒しエリアでもある。

カゴバッグやエコバッグ、羊毛のダスター、ホウキなど、実用的なグッズも素敵な方が気分が上がる。キッチンのシェルフに吊るして飾りながら収納するのが好き。

洗面所のタオルコーナー。タオルはすべて白と決めている。ブランドにこだわりはないが、肌触りがよくて遠慮なく使えるものがいい。黄ばみが出たら交換して清潔感をキープ。サイズごとに畳んで手に取りやすく。

Part 6

Masako's Paris

Travel Snap, Memorial Goods,
Favorite Paris Spot

大好きなパリのこと

大好きなパリのこと

誰もが、とは言わないまでも人々を魅了して止まないフランス・パリ。ご多分に漏れず、私もその魅力に取り憑かれたひとりである。

初めてフランスに行ったのは22歳の終わり頃。在仏の友人にあちこち案内してもらい、フランスのいいところ、パリの魅力を駆け足ながら伝授された。季節は初夏で、夜は10時頃まで明るく、日本のような湿気もなくカラッとしている。マロニエの白い花が咲き乱れ、もうそれだけでパリに恋をしてしまったかのよう。食事はすこぶる美味しく、当時苦手だったコーヒーも美味しく感じるという完全な麻痺状態。目に映る何もかもが新鮮で美しく、私はまんまとフランスかぶれになってしまったのである。帰国後はその国の文化を知るなら言葉だと思い、すぐにフランス語を習い始め、仕事をしてお金を貯めてはフランス通いが始まった。

実を言うと、当時の多忙な仕事生活に加え、人が望むイメージと私が望むイメージのギャップに悩み、日本を脱出してフランスで英気を養っていたところがある。少し偏った、少し窮屈な日本での生活から一転、自由なフランスに逃亡といった感じで。当時はまだフランス・パリというムードが絶対的な威力を持っていた頃でもある。

数ヶ月から半年くらい、長い滞在というよりは少しのパリ暮らし、フリーランスだからできたことではあるけれど、そんな生活をしばらく続けた。仲の良い友人が住んでいたことも大きい。友人宅に居候させてもらい、パリではとにかく生活を楽しんだ。そう、パリでは普通のことが何よりもステキなことなのだ。生活は生きる基盤であり、何かを学ぶにも仕事をするにも必要なことで、より自分自身になれるという気がする。

パリ生活ではたとえばこんな風。早起きしてパンを買いに行き、午前中は語学学校に行って、学食でランチを食べ、カフェに行き、おしゃべりをし、公園に行って本を読む。マルシェでの買い物はもちろんのこと、ピクニックをしたり、雨の日には美術館に行き、週末には小旅行に出かけ、街歩きをし、映画を観て、景色を見て、パリの空気を感じた。そんな当たり前のことをパリでできることが嬉しかった。またある年には大西洋岸の古い港町でサマースクールに参加し、ホームステイをしてひと夏を過ごしたのも忘れられない思い出。ヴァカンスさながら海辺の街で過ごした時間は今では夢のようだ。

特にパリでは人間ウォッチングを楽しんだ。行き交う人々を興味深く観察し、まるでフランス映画のひとコマを見るようで飽きることはなかった。多様な人種の混じり合うパリでは人間模様を傍観しつつ、フランス独特の階級・階層社会の奥深さ、差別なども垣間見たりした。また、日常生活でも必ず緊張感を保つことや、自衛するということの重要さを実感したのもこの頃だった。

ひと言で言うと、フランス・パリの魅力は何だろう？　個人主義の厳しさと心地良さ？　縛られない自由さ？　大人がとても魅力的なこと？　軽やかさ？……。まあ、どれを引っ括めても悔しいけれど魅力的なことは確かだし、充分私を形成したであろう要素がたっぷりある。でも、今ではフランスかぶれは卒業し、昔を懐かしむ余裕もあるつもり。

思い出をプレイバック！

フランス・パリスナップ

パリが大好きで、20代の頃は幾度となく通った。語学学校に通ったり、地方でホームステイをしたり、田舎を旅したり、思い出がたくさん。

1986 2回目のパリ、ドーヴィルにて

初めてのパリは1週間。そこから、私のパリ通いがスタート。翌年には休みをもらって半年間滞在。この写真は、様々な映画や小説の舞台にもなったリゾート地、ドーヴィルの乗馬クラブで撮ったもの。

1989 ラ・ロシェルでホームステイ

7～10月をパリで過ごし、そのうちの7・8月は港町ラ・ロシェルでホームステイ。とても温かく迎えてくれたホームステイ先のお宅での1枚。バカンスを兼ねた素敵な夏の思い出。

1990 5月にフランスを巡る旅に

5月に数週間、パリを中心にブルターニュなど、近郊を車で旅した。ホテルを転々としてボヘミアン気分で。旅の途中のランチ時に、スーパーで食材をいろいろ買い込んでピクニック。

フランス北西部にあるブルターニュに到着。最西端にあるラ岬に足を運んだ時の写真。リアス式海岸の荒々しい岸壁と広大な海、大地の果てというイメージにピッタリな景色に圧倒された。

1994-95

アパートを借りて
ひとり暮らしを経験

知り合いに紹介してもらった20区にある古いアパートを借りて、冬の３ケ月間ひとり暮らしを経験。この写真はそのアパートの階段で撮影したもの。パリの日常生活を味わえ、とても楽しかった。

パリ郊外に住む知人のフランス人のお宅でランチをごちそうに。

RERに乗ってパリの郊外にあるソー公園で。雑誌で「冬のソー公園は一番フランスらしい」と紹介されていたのを見て。クラシックなフランス式の庭園で、評判通りの美しさだった。

2001 スイスに行った帰りに1週間ほどステイ

スイスの友だちに会いに行ったついでに立ち寄った。パリではバレエを観に行くのと美味しいものを食べるのが目的。エッフェル塔を入れつつパチリ。パリらしい1枚。

美味しい紅茶が飲みたくなったらサロン ド テへ。カフェではなかなか味わえない、ボリュームたっぷりの手作りケーキと紅茶でほっと一息。食い倒れの旅を象徴する写真。

2012 夫とパリへ弾丸旅行

お互いの仕事の合間を縫って、６年ぶりに冬のパリへ３泊５日の弾丸旅行。街歩きを中心に美味しいものを食べる旅。これはラスパイユのマルシェ。場所柄、上品な人が多く、マルシェの活気溢れるにぎわいが好き。

MOTSCH 社のベレー帽

MOTSCH 社はエルメスの帽子を作っていた老舗の帽子店。エルメスに統合されてジョルジュサンクにあったお店がクローズするという 1990 年に、ギリギリ間に合って買うことができた思い出の帽子。

マルシェのカゴバッグ

こんなカゴバッグを手にぶら下げてマルシェに買い物に行くのがパリスタイル。籐を編んだ頑丈な作りなので重いものを入れても大丈夫。街中の金物屋さんで普通に売られていたのを見つけ、買って帰ってきた。

モノとの出会いも醍醐味

パリで買った愛用品アレコレ

パリで買ってきたお気に入りのグッズを紹介。
他では出合えないちょっと珍しいものをピックアップ。

J.M.ウエストンのローファー

初めて買ったJ.M.ウエストン。大人になってはくローファーはいいものが欲しかった。底を張り替えて長く愛用。靴は消耗品ではなくお手入れするほど長持ちし、足に馴染んで味が出ることを教えてくれた。

クリスチャン ディオールのフィギュア

初めてのパリで、たまたま開催されていたディオールの回顧展を観に行った。とても素晴らしく、感動したので、その記念に買った有名なニュールックのフィギュア。すごく小さくてかわいい。

ボタニカルアートのカード

クラシックな植物図鑑に描かれているようなボタニカルアートが好きで、素敵なものに出合うと買っていた。これはサンジェルマン・デ・プレでたまたま見つけたもの。今でももったいなくて使えずにいる。

蚤の市で買ったサンタクロース

蚤の市で小さいおもちゃを探すのが楽しみだった。これは確か、ヴァンヴの蚤の市で出会ったもの。ケーキ用だと思うが、私はクリスマスに飾るもみの木の植木鉢に挿すデコレーションとして使っている。

エルメスのスカーフブック

中に小さいスカーフと物語の冊子が入っているブック型ボックス。3個セットだったけれど、知人にプレゼントしたりして今手元にあるのはひとつだけ。インテリアとして飾ってもかわいいのでお気に入り。

カリグラフィがきれいなアドレス帳

美しいカリグラフィに一目ぼれしたアドレス帳。クラシックな本を思わせる重厚な装丁も素敵。日本では珍しいけれど、パリにはこうしたクラシックなものを扱うお店がたくさんあって発見が楽しい。

お気に入りのパリスポット

見どころたっぷりのパリのなかでも、
特におすすめの素敵スポットを厳選。
パリに行ったら絶対にチェック！

ギャルリー・ヴィヴィエンヌ

4, rue des Petits Champs, 75002

パリにはたくさんのパサージュ（アーケードで覆われた歩行者専用路）があるが、その中で最も美しく優雅と言われている場所。パレ・ロワイヤルの北側にあり、1823年に建設。ショップやカフェ、本屋やアートギャラリーなどがあり、雨の日でもショッピング散策ができる。ガラス屋根やモザイク敷石がとても美しく、パリらしさを満喫できる。

ラスパイユのマルシェ（オーガニック）

Boulevard Raspail, 75006

マルシェのにぎわいもパリの魅力のひとつ。1989年から続く最も古いオーガニックマルシェ。有機栽培であることを認証された「AB」ラベルのみ扱っている。無農薬・有機野菜や果物はもちろん、手作り化粧品、石鹸、オイル、チーズ、はちみつなどなんでも揃う。オーガニック素材で作られたパンやお菓子はとても美味。お店の人とのやりとりも楽しい。

バガテル公園

Route de Sèvres - à Neuilly & Allée de Longchamp Bois de Boulogne, 75016

バガテル公園はパリ16区の西、ブーローニュの森にある公園。世界的に有名なバラ園があり、マリー・アントワネットが愛したバラも植えられている。おすすめの季節は5月下旬から6月上旬で1200種類が咲き誇る。バラが大好きな私にはたまらない場所である。その他、ふたつの湖もあり豊かな自然が楽しめる。時間を忘れてのんびり過ごしてほしい。

メルシー

111, boulevard Beaumarchais, 75003

子供服ブランド「ボンポワン」の創設者ベルナール＆マリー＝フランス・コーエン夫妻が手掛けるショップ。ファッション・デザイン・インテリアのジャンルからセンスのよいものを厳選した品揃えには心地よく素敵に暮らすためのヒントがたくさん。150年前に建てられた壁紙工場をリノベーションした建物に、3つのイートインスペースが備わっていて居心地がいい。

パレ・ロワイヤル

8, rue de Montpensier, 75001

リヴォリ通りをはさんでルーヴル宮の隣にある。ルイ14世が一時期住んでいたパレ・ロワイヤル＝王宮。この広場はパリの人たちの憩いの場で、人間ウォッチングしているだけでも楽しい。ダニエル・ビュラン作の260本のストライプ模様の円柱や、ポール・ブリュルイ作のシルバーの球体を集めた噴水など、クラシックな建物とモダンアートの融合も見どころ。

ラ・グランド・エピスリー・ド・パリ

38, rue de Sèvres, 75007

1852年創業という世界最古のデパート、ボン・マルシェの食品館。フランスの名産品をはじめとする世界中から集めた珍しい食材を扱う。パッケージのかわいい調味料から本格的なフランス料理の食材、ワイン、スイーツまで、こだわりのアイテムが揃っているので、訪れるたびに発見がある。見ているだけで楽しくなる、食いしん坊にはたまらないお店。

Part 7

Masako's Best Cinema

Un homme et une femme, DIANA VREELAND, Death in Venice, ANNIE HALL,
On Golden pond, Belle de jour, L'Année dernière à Marienbad, Breakfast at Tiffany's

おすすめシネマガイド

このパートで掲載している作品の発売状況は、すべて2014年7月現在のものです。
本書発売後、変更になる場合がございます。あらかじめご了承ください。

おすすめシネマガイド

日常生活で欠かせないことと言ったら、映画を観ることに他ならない。仕事のない日には公開前のマスコミ試写に行って話題作を先取りし、週末には封切りしたばかりの評判の作品を観るのも習慣だ。近年は映画サイトにレビューを書いたり、国内でやる映画祭にも参加したり、来日している監督や俳優にインタビューすることもある。映画に関することは、もはや映画好きを超えたライフワークのひとつになっている。

映画との出合いはテレビで観る映画だった。淀川長治さんが解説するので有名な『日曜洋画劇場』という番組が好きで、本編の前後にあるちょっとした解説にも耳を傾けた。「さいなら、さいなら、さいなら」のやさしい声は、映画と、言葉通りに日曜日の終わりを意味した。小学生の当時、この番組でいわゆる名画というものをざっと観たと思う。後に大人になって観直したものも多くあるけれど、吹き替え版の洋画をたくさん観た。もっとも、洋画はアメリカ映画で、外人はすべてアメリカ人とさえ思っていた大雑把な子供だったけれど。

高校生になると、学校へ行く方じゃない反対側に名画座と言われる古い映画館があり、授業をサボって行ったりしたのもいい思い出だ。録画なんてできない、ビデオやDVDだってまだない時代。映画を観るには映画館に行った(最後の?)世代でもある。その感覚が今でもあるのか、見逃したものを観るとか、資料で必要とする以外、時間が許す限り映画は絶対に映画館で観たい。家でソファに寝転がって観るのと大画面で観るのとではワケが違うのだ。ましてや映画を観ながらiPhoneをいじるなんてもっての外だ。

やがてモデルになると、仕事のない日、特に昼間の時間が有効に使えることをいいことに日中から映画を観まくった。ビデオレンタル屋に行っては、未公開作品やクラシック映画、また監督や女優括りと決めて片っ端から借りて観たし、『ぴあ』を片手に仕事帰りでも何かやってないかとチェックする日々だった。『ぴあ』が試写状や映画サイトの情報に替わっただけで、今でもあまり変わらず同じことをしているのかもしれないけれど。

映画の見方が変わった時期もあった。それは、少しでもモデルの仕事に役立たせたいと思ったから。モデルの自然なポーズは日常がベースになり、立ち振る舞いの所作や何気ない仕草は普段の生活から垣間見られるもの。映画は最高のお手本になった。今では欠かせないフランス映画やオードリー・ヘップバーンの作品、映像が美しいもの、ファッションや女優という存在がとにかくカッコ良く、キレイな映画はストーリーそっちのけで見入ったりした。特に1960年代から70年代と等身大の80年代のフランス映画には刺激され、感化され、多大な影響を受けたものだ。クリーチャーの類いが出てこない、意味不明の爆発や大袈裟な展開のない普通の、人間の機微や心理を描く作品はとても好きだった。登場人物に共感したり感情移入したり、鑑賞後は余韻に浸って濃いコーヒーを飲んだりして。今後は偏ることなく分け隔てなく、好みのタイプはあるものの、好き嫌いなく何でも観たい。そういう意味でも、最近は選択の幅が広がったような気がしている。

「映画は、その国の文化や歴史を伝える最高の手段」と言ったのは、リュック・ベッソンだけれど、私が映画に求めるものは、知的好奇心を刺激する様々なことを知る楽しさと歓びに尽きると思う。まさに文化や歴史に触れ、旅する気分で未知なる世界への探究心、土地や人を観察する愉しさや発見。もしかしたら誰かに恋することだってできるかもしれないし。

Favorite Cinema 01

Un homme et une femme

［男と女］

DVD ※本人私物

まだ無名だったクロード・ルルーシュ監督が本作を持ってカンヌに乗り込み、見事グランプリを受賞したという出世作。音楽はルルーシュの盟友フランシス・レイ。映画を観たことがなくとも聴いたことのある、もしくは口ずさめるであろうダバダバダ……のスキャットはあまりにも有名だ。ストーリーはシンプルで、でも究極の、美しい大人の恋愛映画である。

映画の善し悪しはバランスが大事だと思っている。脚本の面白さ、演出の巧みさ、映像の美しさ、音楽の割合、心に響くセリフ、俳優を最大限引き立たせる衣装、そしてもちろん俳優たちの魅力がなくてはならない。そういう意味でも、この映画は良いバランスが取れているのではないかと勝手に思っている。

この映画の最大の魅力は、アヌーク・エーメの美しさ、大人っぽさ、女らしさに尽きると思う。黒のタートルをあんなに素敵に着る人を未だかつて知らない。うつむいて話す仕草、髪をかきあげる手、タバコを吸う時の表情、何ひとつ大袈裟なことはしていないのに魅力的なのはなぜ？　女は雰囲気で魅せる、という良例だ。これぞ、フランス女の真骨頂である。

Favorite Cinema 02

DAIANA VREELAND

［ダイアナ・ヴリーランド 伝説のファッショニスタ］

価格：DVD ￥4,200+ 税〈発売中〉
発売元・販売元：株式会社 KADOKAWA　角川書店

20世紀のモード界に大輪の薔薇の如く君臨したダイアナ・ヴリーランド。彼女のことをどれだけの人が知っているだろうか。ファッション好きと公言する女子がいるならば、絶対に観るべきドキュメンタリー映画だ。

数々の伝説を作り、華麗な業績を余すことなく見せ、宝石箱のように詰め込んだ本作は見る者を圧倒する。華やかな交流関係、独特のスタイル、次々と斬新なアイディアが泉のように溢れ出し、眩しく弾け出す。彼女のやり方は後にモード誌のファッションページの基盤を作った。また、オードリー・ヘップバーン主演の『パリの恋人』はハーパス・バザー編集部が舞台で、編集長のモデルはダイアナだというし、ウィリアム・クライン監督『ポリー・マグーお前は誰だ』でもモデルとされたのは彼女のこと。

ダイアナの口から発する一語一句を書き留めておきたいくらいの珠玉な言葉の数々。特に印象的だったのは、私たち日本人へのリスペクト。「神は日本人に鉱脈も石油も与えなかったけれど、スタイルを与えた」という件、低迷期にある今の私たちにどれほどの勇気をくれるだろう。ファッションはダイアナの存在の如く元気にさせてくれるのだ。

Favorite Cinema 03

Death in Venice

［ベニスに死す］

価格：DVD ￥1,429＋税〈発売中〉
発売元・販売元：ワーナー・ブラザース・ホームエンターテイメント

マーラー交響曲第5番第4楽章「アダージェット」の優美なメロディで始まる本作は、ルキノ・ヴィスコンティが監督し、1971年のカンヌ国際映画祭で25周年記念賞を受賞した。ヴィスコンティのドイツ3部作の中の2作目。原作はトーマス・マン。

ドイツの高名な作曲家アッシェンバッハは静養のためベニスのリド島のホテルに滞在し、ポーランド人の家族と出会う。そして、彼は理想的な美を見出だすのである。タージオと名乗る美しい少年の虜になった作曲家は灼熱のベニスで悶絶する。若さと老い、美と醜さ、生と死という究極の対比に、決して交わることのない運命に。

タージオ少年のボーダーの水着をはじめとする、いかにも上流階級らしい壮麗な夏のスタイル。見ているだけで陶酔してしまいそう。上品なマリンスタイルのエッセンスとして感じていたい、それだけで充分だ。

ある夏、ベニスに行った際にリド島に渡り、舞台になったオテル・デ・バンを見た。目の前に現れたホテルは老舗らしい威厳のある佇まい。けれど、その衰退ぶりはアッシェンバッハの心情を想起させるように切なさが漂っていたのだった。

Favorite Cinema 04

ANNIE HALL

［アニー・ホール］

価格：DVD ￥1,419＋税〈発売中〉
発売元・販売元：20世紀フォックス ホームエンターテイメント ジャパン

ウッディ・アレンの最新作はいつも待ちわびて、公開したら何はなくとも観に行くと決めている。それは彼の作品を知った時から変わらない。というわけで、ほとんどのアレン作品を観ているわけだけど、中でもいちばん好きなのはこの映画。アレンとダイアン・キートンの知的な掛け合いが絶妙で、何度観てもそのユーモアには脱帽してしまう。バンバンと機関銃のようにしゃべりまくる、アレンの代名詞みたいな長いセリフ回しは、この映画によって確実になったとされる。

ニューヨークはおろか、米国にすら行ったことがない私は、アレンの描く世界からマンハッタンやブルックリンなどを勝手にイメージしている。

聡明なアニー・ホールのファッションは多くの女性たちに好まれ、カジュアルスタイルの定番として今でも女性誌に取り上げられる。まさに、アニー・ホール・スタイルと呼ばれる、白いシャツの上にベストを羽織り、ネクタイをし、大きめのチノパンをはく。もしくは大きめのジャケットに長いスカート、セルのメガネをかけている。インテリジェンス漂う都会的な彼女のスタイルは永遠だ。衣装担当はラルフ・ローレン。

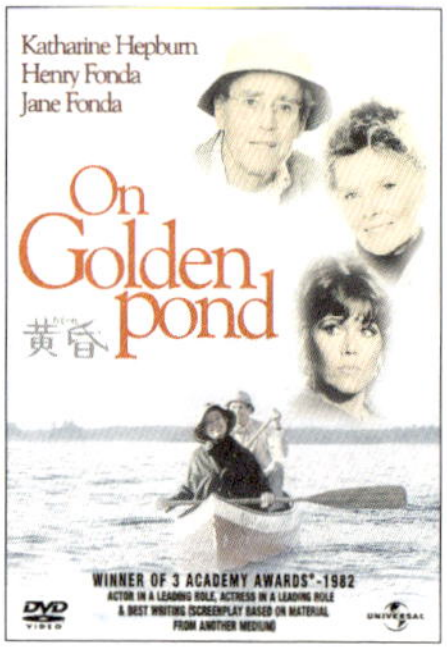

Favorite Cinema 05

On Golden pond
［黄昏］

価格：DVD ￥1,429＋税〈発売中〉
発売元・販売元：NBC ユニバーサル・エンターテイメント

ニューイングランドの湖畔の別荘を舞台に、人生の黄昏を迎えた老夫婦ノーマンとエセル、娘のチェルシーの交流を美しい風景とともに描いた名作。グルーシンのやさしく寄り添うようなピアノの旋律も格別。アーネスト・トンプソンの同名の戯曲で、日本でも何度も舞台化されている。

ヘンリー・フォンダとキャサリン・ヘップバーンという二大名優の共演に加え、映画さながら長く確執のあったフォンダの娘ジェーンとの共演も話題に。ジェーンはアカデミー賞を父に獲らせるために映画化の権利を取得し、相手役に未共演だったヘップバーンを推薦し、見事、アカデミー賞を獲得した。

派手なことが苦手というヘップバーンは、アカデミー賞の授賞式を何度も辞退し、キラキラしたドレスや高いヒールよりも歩きやすい靴を好んだ。インテリジェンスを感じさせる晩年の彼女の着こなしは自身を反映させるかのように本当に素敵だ。たとえば、タートルの上にオーバーシャツを着るというカジュアルなスタイル。帽子のかぶり方、無造作にまとめたヘアスタイル、さりげなく襟を立てて着るコートなどなど。年を重ねた人にしかできない普段着の心地良さだ。

Favorite Cinema 06

Belle de jour

［昼顔］

価格：DVD ￥3,800 ＋税〈発売中〉
発売元：マーメイドフィルム
販売元：紀伊國屋書店

フランス映画界の至宝、カトリーヌ・ドヌーヴが若く、怪しい美しさを放つ絶頂期にあった頃の映画。監督はスペインの奇才、ルイス・ブニュエル。ふたりがはじめて組んだ作品。ジョゼフ・ケッセルの同名小説に基づき、ブニュエルと共同で脚本を書いたのはジャン＝クロード・カリエール。1967年ヴェネツィア国際映画祭で金獅子賞を受賞している。

医者の妻で何不自由なく暮らすセブリーヌは、夜は貞淑な良妻、昼は売春婦という二重生活を送る。若妻が抱える不条理な二面性、奥底に秘められた欲望と罪悪感を清潔感と妖艶さを持って演じたドヌーヴ。ブニュエルらしいユーモアもふんだんに取り込まれている。奇妙なシーンの裏にある恐怖やエロティシズム、不合理なものへのあくなき探究心。

輝くようなブロンドの美しいドヌーヴの魅力を余すことなく引き出したのは、言うまでもなくサンローランの衣装の数々。ドヌーヴとサンローラン。この無二の関係性に多くの女性たちは酔いしれ、セブリーヌの生き方に共感しなくとも、この映画を好きな映画として挙げる人が多いのは、ブニュエルの目論みなのだろうか？

Favorite Cinema 07

L'Année dernière à Marienbad

［去年マリエンバードで］

DVD ※本人私物

２０１４年に亡くなったアラン・レネ監督の長編２作目の作品であり、ヌーヴォー・ロマン派のアラン・ロブ＝グリエが脚本を担当した映画である。グリエによると、黒澤明監督の『羅生門』に挑発されて書いたとか、芥川龍之介の『藪の中』をモチーフにしたとか、私たち日本人にはちょっと嬉しくなるようなエピソード。

デルフィーヌ・セイリグが纏う美しいドレスの衣装の数々は、一部ココ・シャネルによるもの。歩く仕草、足先まで洗練された佇まいを見せるセイリグ。シャネルの衣装とモノクロの映像が流麗に漂う。ドレスアップのヒントにもなりそう。リトル・ブラック・ドレスの美しさは、存在を確かなものにするモノクロならではのもの。

映画は非常に抽象的で夢見るようで、女Ａと男Ｘと男Ｍの関係性もよく分からず、幾何学的且つ非現実的な中で、時空を超えたゲームのように繰り広げられる。催眠術的に流れる緩やかなメロディに誘われ、幻想的な夢の世界に入り込む。余韻は答えのない問いとなって、いつまでも惑わされるのだ。

Favorite Cinema 08

Breakfast at Tiffany's

［ティファニーで朝食を］

価格：Blu-ray　¥2,381 ＋税〈発売中〉
発売元・販売元：パラマウント・ジャパン

世界中の妖精と称されるオードリー・ヘップバーンはいかにも日本人好みな要素がいっぱいあって、少しお転婆でとびきりキュートな笑顔、何でも着こなす華奢な体、セクシーさはないけれど清楚な雰囲気で、何をやっても下品にならない品の良さを持っている。

そんな彼女は多くの映画に出演し、数々のファッション・アイコンになった。中でもジヴァンシーとの関係は永遠だ。本作では『ローマの休日』、『麗しのサブリナ』に引き続きイデス・ヘッドが衣装デザインを担当し、可憐さよりも大人っぽさを引き出している。何せ、娼婦役(には見えないけれど)なのだから。黒のシンプルなドレスをはじめ、アクセサリーやサングラス等小物の使い方、帽子のバランス、ハッとするピンクのミニマルドレス、シャツの袖の捲り方など、どれも物語の内容以上にたくさんの見所がある。

朝帰りのホリー・ゴライトリーがニューヨーク五番街の宝飾店「TIFFANY」の前でタクシーを降り、ウィンドウを覗きながらデニッシュとコーヒーを取り出して朝食を食べる冒頭のシーン。流れるのはヘンリー・マンシーニの甘美なメロディ。これは、映画史に残る名シーンだということもどうかお忘れなく。

Epilogue

あとがき

本書のエッセイでも触れたように、まもなく私は50歳の誕生日を迎える。また、モデルの仕事を始めてから30年という区切りの年でもある。まったく偶然にもその節目に本を出版できるということは最高のタイミングでもあり、とても嬉しく思う。と同時に身が引き締まる思いでもある。現在進行形のこと、過去を振り返り、近しい未来のこと等々、本の制作は自分自身を見つめ直す時間でもあった。

また、この本の基本となる服のコーディネイト、まつわる好きなアイテム、美容、暮らしぶりなどライフスタイルのいくつかを写真でお見せする前に、それぞれの思いを自ら文章にした。たぶん、誌面のモデルの仕事では見えないであろうことや、今感じていることなどを自分自身の言葉で伝えたかったから。

気になる撮影はなんと2日間。ファッション編はお天気に恵まれ、スカッと晴れた日曜日に怒濤の32カットをゲリラ的にあちこち行っては撮り、あとはスタジオで。ビューティ編は少し肌寒い小雨の日に都内のハウススタジオで撮影した。

映画に関しては、ファッションで影響を受けた大好きな作品8本、ファッションを絡めた私なりの簡単な映画評を添えた。何かの折りに観ることがあれば、そこも含めて参考にしていただけたらと思う。

表紙を含むビューティ編のカメラマンは玉置順子さん。ヘアメイクは油川ヨウコさん。ファッション編のカメラマンは枦木功さん。ヘアメイクは吉川陽子さん。いずれもぜひお願いしたかった人たちなので都合が合ってラッキーだった。私服以外の服のいくつかはリースしたものもあり、各ブランドのプレスの方々には本当にお世話になった。

というわけで、49歳の今のお気に入りの服や着こなし、さらには気持ちなんかも詰まった本になっていると思うけれど、何年かしたら違うものになっている可能性もなくもない。50を目前とした今を少しでも感じてくれたら嬉しく思っている。

最後に、担当編集者のGLOW編集部の井下香苗さん、ライターの安田晴美さん、叱咤激励をしてくれたマネージャーの小山さん、心から感謝いたします。どうもありがとうございました。どうぞこの本が、多くの人に届きますように。

2014 初夏　雅子

雅子 スタイル

協力先リスト

本書に掲載されているアイテムは著者の私物を中心に構成されています。
私物のお問い合わせ先は記載しておりません。
価格表記のないものは、現在販売を終了していたり、
仕様が変わっていたりする場合がありますので、あらかじめ、ご了承ください。

Shop List

アリス デイジー ローズ	☎03-6804-2200
エルマフロディット青山店	☎03-3486-6488
KO	http://kokoko.jp.net/
THREE	0120-898-003
ハリス銀座マロニエゲート店	☎03-5524-7705
ハリス グレース青山店	☎03-3479-5840
サイ（マスターピースショールーム）	☎03-5468-3931
ヤエカ（YAECA APARTMENT STORE）	☎03-5708-5586

※本書掲載の情報は2014年7月現在の編集部調べによるものです。
価格表記のあるものはすべて税抜き表示です。
ご購入の際は、別途消費税がかかります。
本誌発売後、仕様や価格などが変更になる場合があります。
あらかじめ、ご了承ください。品切れ・欠品の際はご容赦ください。

Staff

Photograph

玉置順子 _Junko Tamaki〈t.cube〉
（カバー、P48･49、P50、P52、P58･59／人物、P80）

枦木 功 _Isao Hashinoki〈nomadica〉
（P11～43／人物）

青木和也 _Kazuya Aoki
（P10～60／静物、P94･95）

荒井 健 _Takeshi Arai〈PPI〉
（P53）

Hair & Make-up

油川ヨウコ _Yoko Aburakawa〈vitamins〉
（カバー、P48･49、P50、P52、P58･59、P80）

吉川陽子 _Yoko Yoshikawa
（P11～43）

Cooperation

小山洋子 _Yoko Oyama
〈テンカラット プリューム〉

Art Direction & Design

山田恵子 _Keiko Yamada

Text

安田晴美 _Harumi Yasuda
（P10～44、P48～60、P64～70、P74～80、P84～88、P92～96）

Edit

井下香苗 _Kanae Ishita
〈GLOW 編集部〉

雅子 Masako

1964年7月30日、東京・日本橋生まれ。

19歳でモデルを始め、多数の女性誌を中心に、CM・企業広告等で活躍。モデル界屈指の透明感のある美白肌の持ち主。

映画に出演する他、エッセイやコラム、映画評などの執筆もしている。第25回東京国際映画祭では、natural TIFF部門の審査員を務めた。シネマ夢倶楽部推薦委員。

大相撲と映画、特にフランス映画を愛する。

オフィシャルブログ：雅子の美しいおはなし
http://ameblo.jp/utsukushiohanashi/

映画ブログ：シネマカフェ
http://www.cinemacafe.net/special/4804/recent/

雅子 スタイル

2014年7月25日　第1刷発行

著　者　雅子

発行人　蓮見清一
発行所　株式会社宝島社
〒102-8388
東京都千代田区一番町25番地
電話　編集：03-3239-1966（GLOW編集部）
営業：03-3234-4621
http://tkj.jp
振替　00170-1-170829 ㈱宝島社

印刷・製本　サンケイ総合印刷株式会社

ISBN978-4-8002-2833-8